工程训练（工科非机械类）

主编　靳晓明　马彩凤　钟华燕
参编　郭睿智　徐衍锋　安兴伟
主审　罗凤利

机 械 工 业 出 版 社

本书作为工程训练实习教材，力求突出实用性、应用性和综合性，培养学生的工程意识和工程实践能力。本书在突出机械工程基本训练的基础上，也包括电气工程训练。机械工程基本训练包括绪论、切削加工基础知识、车削、铣削、钳工、数控加工技术、特种加工、工程材料及金属热处理、铸造、锻压和焊接。电气工程训练包括电气工程训练基础知识和三相异步电动机。本书最后编写有综合创新训练内容。

本书可以作为高等工科院校工科非机械类专业工程训练（或金工实习）教材，也可作为机电工程技术人员的参考书。

图书在版编目（CIP）数据

工程训练：工科非机械类／靳晓明，马彩凤，钟华
燕主编. -- 北京：机械工业出版社，2025. 7. -- ISBN
978 - 7 - 111 - 78019 - 9

Ⅰ. TH16

中国国家版本馆 CIP 数据核字第 2025B4T341 号

机械工业出版社（北京市百万庄大街 22 号　邮政编码 100037）
策划编辑：王晓洁　　　　　　　　　　责任编辑：王晓洁　许　爽
责任校对：颜梦璐　杨　霞　景　飞　　封面设计：马若濛
责任印制：张　博
北京机工印刷厂有限公司印刷
2025 年 7 月第 1 版第 1 次印刷
184mm×260mm · 12. 75 印张 · 328 千字
标准书号：ISBN 978-7-111-78019-9
定价：45. 00 元

电话服务　　　　　　　　　　　网络服务
客服电话：010-88361066　　　机　工　官　网：www. cmpbook. com
　　　　　010-88379833　　　机　工　官　博：weibo. com/cmp1952
　　　　　010-68326294　　　金　书　网：www. golden-book. com
封底无防伪标均为盗版　　　机工教育服务网：www. cmpedu. com

前　言

本书全面落实党的二十大报告中关于"实施科教兴国战略，强化现代化建设人才支撑"的重要论述，明确把培养大国工匠和高技能人才作为重要目标，大力弘扬劳模精神、劳动精神、工匠精神，深入产教融合，校企合作，为全面建设技能型社会提供有力人才保障。

本书根据教育部工程训练教学指导委员会发布的《工程训练类课程教学质量标准（整合版本2.0）》和教育部高等学校机械基础课程教学指导分委员会发布的《普通高等学校工程材料及机械制造基础系列课程教学基本要求》的精神，汲取和总结了近年来的教学经验与改革成果，结合普通高等学校工程训练基地教学的实际需要编写而成。

本书具有如下特点：

1. 本书对机械工程基本训练及电气工程训练的知识和技能体系进行了整体优化，以基本要求为基础，以实际应用为主线，努力做到通俗易懂、图文并茂、实用性强。

2. 本书适合工科非机械类专业的师生使用，内容突出了基础性与认知性，目的在于吸引学生学习工艺基本知识、培养学生的工程意识、增强学生的工程实践能力和创新意识。

3. 本书总结与借鉴了工程训练近年来的教学成果和教学经验，并采用了国家现行标准。

4. 本书正文章节都配有"目的与要求""知识拓展""安全操作技术规程"和"复习思考题"板块，方便广大师生使用，并通过相关技术发展历程、大国工匠和新技术的介绍，与专业知识相结合，达到立德树人的目的。

本书由黑龙江科技大学创新创业学院（工程训练中心）组织编写，由靳晓明、马彩凤、钟华燕担任主编，郭睿智、徐衍锋、安兴伟参与编写。其中，靳晓明编写了第1、6、10、11、12章，马彩凤编写了第2、3、4、5、8章，钟华燕编写了第7、9、13章，郭睿智编写了14.1节，徐衍锋编写了14.2节，安兴伟编写了14.3节；全书由罗凤利主审。

由于编者水平有限，书中难免存在不妥之处，恳请读者批评指正。

编　者

二维码索引

目　　录

第1章 绪 论

工程训练是一门实践性很强的专业基础课，通过讲授机械工程及电气工程的基础知识和技能，达到学习机械和电工基本知识，锻炼实践能力，提高综合素质，培养创新精神的教学目的。工程训练是工科院校实践教学不可缺少的重要环节之一。

1.1 工程训练概述

1.1.1 产品生产过程

人类设计制造的产品种类繁多，大到航天飞机、航空母舰，小到手表、手机等，都有其特定功能。例如电梯可以载人载物，空调可以调节空气温度等，机床作为切削工具，用于改变零件的形状、尺寸，加工出符合工程图样要求的零件，并最终组装成产品。

各种先进的仪器设备是机械、电子、计算机、自动控制、光学、声学和材料科学，甚至化学、生物与环境科学等学科结合与交叉的产物。因此无论将来从事何种专业，学习机械制造过程和电气基本知识对未来发展都会起到重要作用。

产品的种类繁多，其功能各不相同，对产品的要求也不同，但基本要求是相同的，目的都是为市场提供高质量、高性能、高效率、低成本及低能耗的机电产品，以获得最大的经济效益和社会效益。对机电产品的基本要求有：

（1）功能要求 产品的特定功能，如运输、保温、计时和通信等。

（2）性能要求 产品所要求的技术性能，如速度可调范围宽窄、起停时间长短、低噪声和低磨损等。

（3）结构工艺性要求 产品结构简单，便于制造、装配和维护等。

（4）可靠性要求 产品故障率低，有安全防护措施等。

（5）绿色性要求 产品节能、环保且无公害，包括废水、废气、废渣和废弃产品的回收处理等。

（6）成本要求 产品成本包括制造和使用成本，降低成本可提升产品的竞争力。

产品制造是人类按照市场的需求，运用主观掌握的知识和技能，借助于手工或可以利用的客观物质工具，采用有效的工艺方法和必要的能源，将原材料转化为最终的机电产品，投放市场并不断完善的全过程。可以描述为宏观过程和具体过程。

1. 产品制造的宏观过程

工程训练涉及一般机电产品制造的全过程。首先是设计图样，接着是根据图样制订工艺文件和进行工装的准备，然后是产品制造，最后是市场营销。再将各个阶段的信息反馈回来，不断完善产品。

2. 产品制造的具体过程

产品制造的具体过程如图 1-1 所示。原材料包括铸铁、钢锭、各种金属型材及非金属材料等。将原材料用铸造、锻造、冲压和焊接等方法制成零件的毛坯（或半成品、成品），再经过切削加工、特种加工、热处理和表面处理等制成零件，最后将零件和电子元器件装配成合格的机电产品。

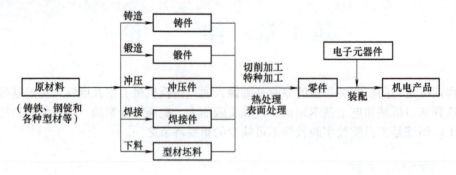

图 1-1　产品制造的具体过程

1.1.2　工程训练的内容

工程训练包括机械工程训练项目，有车削、铣削、钳工、数控加工、特种加工、热处理、铸造、锻压和焊接等；电气工程训练项目有电工技能、电气控制等，可以根据需要选择学习。具体训练内容如下：

1）常用钢铁材料及热处理的基本知识。

2）冷热加工的主要加工方法及加工工艺。

3）冷热加工所用设备、附件及其工具、夹具、量具、刀具的结构、工作原理和使用方法。

4）安全用电。

5）电工工具和仪表。

6）常用低压电器。

7）三相异步电动机控制电路。

1.1.3　工程训练的教学环节

工程训练按项目进行，教学环节有实际操作、现场示范和训练讲课等。

1）实际操作是训练的主要环节，通过实际操作获得各种项目训练方法的感性知识，初步学会使用有关的设备和工具。

2）现场示范在实际操作的基础上进行，以增强兴趣及掌握操作要领。

3）训练讲课包括概论课、理论课和专题讲座。

1.2　工程训练的目的

1.2.1　掌握基础理论知识

除了应该具备较强的基础理论知识和专业技术知识外，还必须具备一定的机械制造基本工艺知识和电气工程基本知识。与一般的理论课程不同，在工程训练中主要通过亲身实践来获取机械制造基本工艺知识和电气工程基础知识。这些知识都是非常具体、生动而实际的，对于学习后续课程、进行毕业设计乃至以后的工作，都是有必要的。

1.2.2 增强实践能力

这里所说的实践能力，包括动手能力，向实践学习、在实践中获取知识的能力，以及运用所学知识与技能，独立分析并解决工程技术问题的能力。这些能力对于非机械类专业的学生是非常重要的，而这些能力只能通过训练、实验、作业、课程设计和毕业设计等实践性课程或教学环节来培养。

在工程训练中，要亲自动手操作各种机电设备，使用各种工具、夹具、量具、刀具、仪表和电器元件，尽可能结合实际生产进行各项目的操作培训。

1.2.3 提高综合素质

作为一名工程技术人员，应具有较高的综合素质，即应具有坚定正确的政治方向，艰苦奋斗的创业精神，团结勤奋的工作态度，严谨求实的科学作风，良好的心理素质及较高的工程素质等。

工程素质是指人在有关工程实践工作中所表现出的内在品质和作风，它是工程技术人员必须具备的基本素质。工程素质包括工程知识、工程意识和工程实践能力。其中，工程意识包括市场、质量、安全、群体、环境、社会、经济、管理和法律等方面的意识。工程训练是在生产实践的特殊环境下进行的，对大多数学生来说是第一次接触工人，第一次用自身的劳动为社会创造物质财富，第一次通过理论与实践的结合来检验自身的学习效果，同时接受社会化生产的熏陶和组织性、纪律性的教育。学生将亲身感受到劳动的艰辛，体验到劳动成果的来之不易，增强对劳动人民的感情，加强对工程素质的认识，提高自身的综合素质。

1.2.4 培养创新意识和创新能力

培养创新意识和创新能力，最初启蒙式的潜移默化是非常重要的。在工程训练中，会接触到几十种机械、电气与电子设备，并了解、熟悉和掌握其中一部分设备的结构、原理和使用方法。这些设备都是前人和今人的发明创造，强烈地映射出创造者们历经长期追求和苦苦探索所燃起的智慧火花。在这种环境下学习，有利于培养创新意识。在训练过程中，还要有意识地安排一些自行设计、自行制作的综合性创新训练环节，以培养创新能力。

1.3 工程训练的要求

1.3.1 工程训练的教学特点

工程训练以实践为主，必须在教师的指导下独立操作。它不同于一般理论性课程，特点如下：

1）没有系统的理论、定理和公式，除了一些基本原则以外，大都是一些具体的生产经验、工艺、安装调试及施工等知识。

2）学习的课堂主要不是教室，而是具有很多仪器设备的训练室或实验室。

3）学习的主要对象不是书本，而是具体生产过程。

4）教学过程中不仅有教师，而且有工程技术人员和现场教学指导人员且以其为主导。

1.3.2   工程训练的学习方法

工程训练具有实践性的教学特点，学习方法也应作相应的调整和改变。

1）要善于向实践学习，注重在生产过程中学习基本的机械制造工艺及电气工程知识和技能。

2）要注意训练教材的预习和复习，按时完成训练作业、日记和报告等。

3）要严格遵守规章制度和安全操作技术规程，重视人身和设备的安全。

4）建议按照以下认知过程学习：

教学目的导向→预习复习→认真听讲→记好日记→遵章守纪→积极操作→确保安全→循序渐进→听从安排→完成作业（件）→主动学习→不断总结→勇于创新→提高素质能力。

1.3.3   工程训练安全知识

安全教学和生产对国家、集体和个人都是非常重要的。安全第一，既是完成工程训练学习任务的基本保证，也是合格的高质量工程技术人员应具备的一项基本的工程素质。在整个工程训练中，要自始至终树立安全第一的思想，必须遵守规章制度和安全操作技术规程，时刻警惕，不要麻痹大意。

第 2 章　切削加工基础知识

【目的与要求】

1. 了解切削运动和切削用量三要素的概念、表示方法和单位。
2. 掌握机械零件加工质量的内涵及其对产品的影响。
3. 熟悉典型切削加工常用量具的使用方法。
4. 培养综合工程素质提升，掌握相关标准资料的查询方法。

2.1　概述

切削加工是利用刀具和工件做相对运动从工件上去除多余的材料，以获得符合图样要求的机械零件的过程。工件一般包括铸件、锻件、焊接件或型材坯料等，符合图样要求一般是指零件表面质量、尺寸精度、几何精度等达到一定要求。

切削加工分为钳工加工（简称钳工）和机械加工（简称机工）两部分。

（1）钳工　一般是指通过工人手持工具进行切削加工。钳工加工方式多种多样，使用的工具简单、方便灵活，是装配和修理工作中不可或缺的加工方法。随着生产的发展，钳工机械化的内容也在逐渐丰富。

（2）机工　主要是指通过工人操纵机床来完成切削加工。其主要加工方式有车削、钻削、铣削、刨削和磨削等（图 2-1），所使用的机床相应为车床、钻床、铣床、刨床和磨床等。

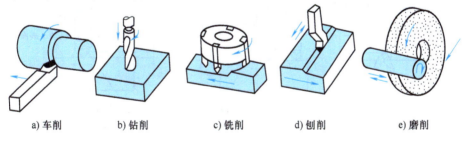

a) 车削　　　b) 钻削　　　c) 铣削　　　d) 刨削　　　e) 磨削

图 2-1　机械加工的主要方式

2.2　切削运动和切削要素

2.2.1　机械加工的切削运动

要进行切削加工，刀具与工件之间必须具有一定的相对运动，以获得所需要工件表面的形状，这种相对运动称为切削运动。机械加工的切削运动由机床提供，分为主运动和进给运动。

1. 主运动

主运动是由机床或人力提供的主要运动，它促使刀具和工件之间产生相对运动，从而使刀具前面接近工件。也就是说，没有这个运动，就无法进行切削。它的特点是在切削过程中速度最高、消耗机床动力最多。

2. 进给运动

进给运动由机床或人力提供的运动，它使刀具与工件之间产生附加的相对运动，加上主运动，即可不断地或连续地切除切屑，并得出具有所需几何特征的已加工表面。也就是说，没有这个运动，就不能进行连续切削。

切削加工中主运动只有一个，进给运动则可能是一个或几个。

下面对主要机械加工方式的主运动和进给运动进行分析：

（1）车削　车削在车床上进行，工件的旋转运动为主运动，车刀相对工件的移动为进给运动。

（2）钻削　钻削在钻床上进行，钻头的旋转运动为主运动，钻头的轴向移动为进给运动。

（3）铣削　铣削在铣床上进行，铣刀的旋转运动为主运动，工件的移动为进给运动。

2.2.2 机械加工的切削用量三要素

在切削加工过程中，工件上通常存在三个不断变化的表面：待加工表面、过渡表面（加工表面）和已加工表面。

（1）待加工表面　工件上有待切除的表面。

（2）过渡表面（也称加工表面）　工件上由切削刃形成的那部分表面，它在下一切削行程，刀具或工件的下一转里被切除，或者由下一条切削刃切除。

（3）已加工表面　工件上经刀具切削后形成的表面。

在切削加工过程中，反映主运动和进给运动的快慢，刀具切入工件深浅的各个量就叫切削用量。它包括切削速度、进给量和背吃刀量三个参数，通常把这三个参数称为切削用量三要素。

车削、铣削和刨削的切削用量三要素如图2-2所示。

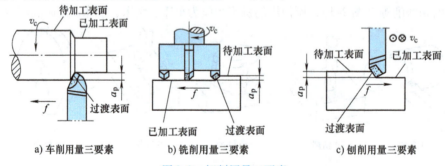

a) 车削用量三要素　　　b) 铣削用量三要素　　　c) 刨削用量三要素

图 2-2　切削用量三要素

1. 切削速度v_c

切削刃选定点相对于工件的主运动的瞬时速度，用符号 v_c 表示，单位为 m/min。

当主运动为旋转运动（如车削、钻削、铣削和磨削）时，切削速度为其最大线速度，计算公式为

$$v_c = \frac{\pi D n}{1000}$$

式中　D——工件待加工表面的直径或刀具（如钻头、铣刀和砂轮）的直径（mm）；

n——工件或刀具（如钻头、铣刀和砂轮）的转速（r/min）。

当主运动为往复直线运动（如刨削）时，切削速度为其平均速度，计算公式为

$$v_c = \frac{2Ln_r}{1000}$$

式中　L——刀具或工件做往复直线运动的行程长度（mm）；

　　　n_r——刀具或工件单位时间内的往复运动次数（次/min）。

2. 进给量 f

刀具在进给运动方向上相对工件的位移量，可用刀具或工件每转或每行程的位移量来表述和度量。用符号 f 表示，单位为 mm/r（行程）。

3. 背吃刀量 a_p

在通过切削刃基点并垂直于工作平面的方向上测量的吃刀量。一般指工件上待加工表面与已加工表面之间的垂直距离。用符号 a_p 表示，单位为 mm。

车削外圆时，背吃刀量的计算公式为

$$a_p = \frac{D - d}{2}$$

式中　D——工件待加工表面的直径（mm）；

　　　d——工件已加工表面的直径（mm）。

2.3　机械零件的加工质量

机械零件的加工质量主要包括两个方面：表面质量和加工精度。零件的加工质量直接影响产品的使用性能、使用寿命、外观质量和经济性。

2.3.1　零件的表面质量

零件的表面质量是指零件的表面粗糙度、表面波纹度、表面层冷变形强化程度、表面层残余应力的性质和大小以及表面层金相组织等，在实际生产中，最常用的是表面粗糙度。

1. 表面粗糙度的定义

零件加工表面由较小间距和较小峰谷所组成的微观几何形状特征，称为表面粗糙度。

2. 轮廓算术平均偏差 Ra

国家标准规定了表面粗糙度的多种评定参数，生产中最常用的是轮廓算术平均偏差 Ra，即在一个取样长度内纵坐标值 $Z(x)$ 绝对值的算术平均值，单位为 μm，如图2-3所示。

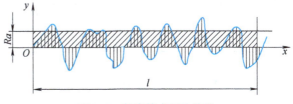

图 2-3　轮廓算术平均偏差

一般来说，零件的精度要求越高，表面粗糙度值要求越小，配合表面的表面粗糙度值要比非配合表面的小，有相对运动的表面的表面粗糙度值要比无相对运动的小，接触压力大的运动表面的表面粗糙度值要比接触压力小的小。一般来说，表面粗糙度值越小，零件表面的加工就越困难，加工成本也越高。

2.3.2　零件的加工精度

加工精度是指零件加工后的实际几何参数（尺寸、形状和表面间的相互位置等）与理想几何参数相符合的程度。其符合程度越高，加工精度就越高，它们之间的差别称为加工误差。

零件的几何参数加工达到绝对准确是不可能的，也是没有必要的，只要满足使用性能即可。为了保证零件能顺利地进行装配并满足机器使用要求，应将零件的实际几何参数限制在一定范围之内，其最大允许变动量称为公差。

零件的加工精度主要包括尺寸精度和几何精度。

1. 尺寸精度

尺寸精度用尺寸标准公差等级或尺寸公差来控制，尺寸精度越高，标准公差等级越小。国标规定了20个标准公差等级，即IT01、IT0、IT1～IT18，尺寸公差数值依次增大。

2. 几何精度

几何精度通过几何公差控制，几何公差包含形状公差、方向公差、位置公差和跳动公差。几何公差项目及符号见表2-1。

（1）形状公差　形状公差包括直线度、平面度、圆度、圆柱度、线轮廓度和面轮廓度。

（2）方向公差　方向公差包括平行度、垂直度、倾斜度、线轮廓度和面轮廓度。

（3）位置公差　位置公差包括位置度、同心度、同轴度、对称度、线轮廓度和面轮廓度。

（4）跳动公差　跳动公差包括圆跳动和全跳动。

表2-1　几何公差项目及符号

公差类型	几何特征	符号	有无基准	公差类型	几何特征	符号	有无基准
形状公差	直线度	⏤	无	位置公差	位置度	⌖	有或无
	平面度	⏥	无		同心度（用于中心点）	◎	有
	圆度	○	无		同轴度（用于轴线）	◎	有
	圆柱度	⌭	无		对称度	⌯	有
	线轮廓度	⌒	无		线轮廓度	⌒	有
	面轮廓度	⌓	无		面轮廓度	⌓	有
方向公差	平行度	//	有	跳动公差	圆跳动	↗	有
	垂直度	⊥	有		全跳动	⌰	有
	倾斜度	∠	有				
	线轮廓度	⌒	有				
	面轮廓度	⌓	有				

2.4　机械加工工艺装备

要完成任何一道工序，除了需要机床外，还必须有车刀、卡盘、卡尺和钻夹头等工艺装备。工艺装备可分为四类：刀具、夹具、量具和辅具。选择合理的工艺装备是机械加工中不可缺少的生产手段，也是生产组织准备阶段的主要工作。

2.4.1　刀具

刀具是切削加工中对生产率、加工质量和成本影响最大的因素。刀具的性能取决于刀具切削部分的材料和刀具的几何形状。

1. 刀具切削部分的材料

（1）刀具的工况　金属材料的切削加工主要依靠刀具直接完成。刀具在切削加工中不但要承受很大的切削力，还要承受摩擦力、压力、冲击和振动；此外，在切屑和工件的强烈摩擦下，还会使工作温度升高。因此，刀具切削部分的材料必须具备良好的性能。

（2）刀具切削部分材料必备的性能　一般来说，刀具切削部分材料应该具有高硬度、高耐磨性、高耐热性、足够的强度和韧性及良好的工艺性等。

（3）常用的刀具材料　刀具材料不但要具有良好的性能，还要来源丰富，价格合理。目前常用的金属刀具材料有碳素工具钢、合金工具钢、高速钢和硬质合金等；常用的非金属刀具材料有陶瓷、金刚石和立方氮化硼等。

此外还有涂层刀具，涂层是在韧性较好的硬质合金或高速钢基体上，采用气相沉积的方法涂上的 TiC、TiN 等金属薄层，较好地解决了强度、韧性、硬度与耐磨性之间的矛盾，使刀具具有良好的综合性能。

2. 刀具的几何形状

切削刀具虽然种类很多，但它们切削部分的结构要素和几何角度都有着共同的特征。各种多齿刀具或复杂刀具的单个刀齿就相当于车刀的刀头。

2.4.2 夹具

机床夹具是在切削加工中，用以准确地确定工件位置，并将其迅速、牢固地夹紧的工艺装备。

1. 夹具的分类

夹具的种类很多，分类方法也不相同。按机床夹具通用化程度，可分为以下五类：通用夹具、专用夹具、可调夹具、组合夹具、随行夹具。如自定心卡盘和机用虎钳就属于通用夹具。

2. 夹具的组成

夹具的种类虽然很多，但从夹具的结构和作用分析，夹具都由几种基本元件组合而成，即定位元件、定位装置、夹紧装置、导向元件、夹具体及其他元件等。

2.4.3 量具

量具是用来测量零件线性尺寸、角度以及几何误差的工具。为保证被加工零件的各项技术参数符合设计要求，在加工前后和加工过程中，都必须用量具进行检测。选择的量具应当适合于测量被测零件的形状及尺寸。通常选择的量具的分度值应小于被检测量公差的 0.15 倍。

量具的种类很多，这里仅介绍最常用的几种量具及其测量方法。

1. 游标卡尺

游标卡尺是带有测量卡爪并用游标读数的量尺。其特点为结构简单、使用方便、测量精度较高以及应用范围广等。使用游标卡尺可以直接测出零件的内径、外径、宽度、长度和深度的尺寸值。

游标卡尺按分度值可分为 0.10mm、0.05mm 和 0.02mm 三个量级，按尺寸测量范围可分为 0~125mm、0~150mm、0~200mm 和 0~300mm 等多种规格，使用时根据零件精度要求及零件尺寸大小进行选择。图 2-4 所示的游标卡尺的分度值为 0.02mm，测量尺寸范围为 0~200mm。主标尺上每小格为 1mm，当两卡爪贴和（主标尺与游标尺的零线重合）时，游标尺上的 50 格正好等于主标尺上的 49mm。游标尺上每格长度为 49mm/50 = 0.98mm。主标尺与游标尺每格相差 0.02mm。

测量读数时，先由游标以左的主标尺上读出最大的整毫米数，然后在游标尺上读出零线

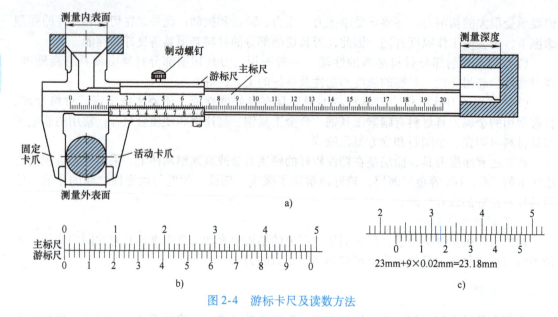

图2-4 游标卡尺及读数方法

到与主标尺刻度线对齐的刻度线之间的格数，将格数与 0.02mm 相乘得到小数，将主标尺上读出的整数与游标上得到的小数相加就是测量的尺寸。

使用游标卡尺时的注意事项：

1）检查零线。使用前应先擦净卡尺，合拢卡爪，检查主标尺与游标尺的零线是否对齐。如对不齐，应送计量部门检修。

2）放正卡尺。测量内外圆时，卡尺应垂直于工件轴线，两卡爪应处于直径处。

3）用力适当。当卡爪与工件被测量面接触时，不能用力过大，否则会使卡爪变形，加速卡爪的磨损，降低测量精度。

4）读数时，视线要对准所读刻线并垂直于尺面，否则将读数不准。

5）防止松动。未读出读数之前，游标卡尺若需离开工件表面，必须先将制动螺钉拧紧。

6）不得用游标卡尺测量毛坯表面和正在运动的工件。

2. 外径千分尺

外径千分尺是一种精密量具。生产中常用的外径千分尺的分度值为 0.01mm。它的精度比游标卡尺高，并且比较灵敏。千分尺的种类很多，按照用途可分为外径千分尺、内径千分尺和深度千分尺，其中外径千分尺应用最广。

外径千分尺按其测量范围分为 0 ~ 25mm、25 ~ 50mm、50 ~ 75mm 等各种规格。图2-5 所示为测量范围为 0 ~ 25mm 的外径千分尺。尺架的左端有测砧，右

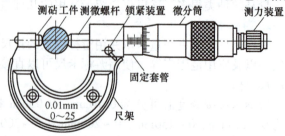

图2-5 外径千分尺

端的固定套管在轴线方向刻有一条中线（基准线），上下两排刻线互相错开 0.5mm，形成主尺。微分筒左端圆周上均布 50 条刻线，形成副尺。微分筒和测微螺杆连在一起，当微分筒转过一周，带动测微螺杆沿轴向移动 0.5mm。因此，微分筒转过一格，测微螺杆轴线移动

的距离为 0.5mm/50 = 0.01mm。当外径千分尺的测微螺杆与测砧接触时，微分筒的边缘与固定套管轴向刻度的零线重合，同时圆周上的零线应与中线对准。

外径千分尺的读数方法：

1）读出距离微分筒边缘最近的轴向刻线数（应为 0.5mm 的整数倍）。

2）读出与轴向刻度中线对齐的微分筒周向刻度数值（刻度数值 ×0.01mm）。

3）将两部分读数相加即为测量尺寸（图 2-6）。

使用外径千分尺时的注意事项：

1）应先校对零点。即将测砧与测微螺杆擦拭干净，使它们相接触，看微分筒圆周刻度零线与中线是否对正，若没有，将外径千分尺送计量部门检修。

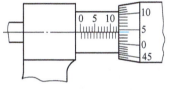 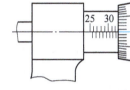

12mm+4×0.01mm=12.04mm   32.5mm+35×0.01mm=32.85mm

图 2-6 外径千分尺的读数方法

2）测量时，左手握住尺弓，用右手旋转微分筒，但测微螺杆快接近工件时，必须使用右端测力装置（此时严禁使用微分筒，以防用力过度测量不准或破坏外径千分尺）以较慢的速度与工件接触。当测力装置发出"嘎嘎"的打滑声时，表示压力合适，应停止旋转。

3）从外径千分尺上读取尺寸，可在工件未取下前进行，读完后松开外径千分尺，也可先将外径千分尺锁紧，取下工件后再读数。

4）被测尺寸的方向必须与螺杆方向一致。

5）不得用外径千分尺测量毛坯表面和运动中的工件。

3. 直角尺

直角尺的两边成准确的直角，是用来检查工件垂直度误差的非刻线量尺。使用时将其一边与工件的基准面贴合，然后使其另一边与工件的另一表面接触。根据光隙可以判断垂直度误差情况，也可用塞尺测量其缝隙大小，直角尺也可以用来保证划线垂直度。

知识拓展

北斗：想象无限

复习思考题

1. 加工时的切削运动有哪两种？举例说明它们分别由什么来实现？

2. 切削用量三要素分别指什么？

3. 何为加工精度？包括哪些内容？

4. 表面质量和表面粗糙度有何区别？多数情况下图样上标注哪一项？

5. 常用的刀具材料有哪些？

6. 游标卡尺和外径千分尺的分度值是多少？怎样正确使用？能否用其测量铸件毛坯？

第3章 车 削

【目的与要求】

1. 了解车床的型号、组成、运动和用途。
2. 了解常用车刀的组成、结构、材料和分类。
3. 了解车外圆、车端面、车槽、切断、钻孔和车孔等车削方法。
4. 了解卧式车床的操作技能，能按零件的加工要求正确使用刀具、夹具和量具，独立完成简单零件的车削加工。
5. 熟悉车削安全操作技术规程。
6. 规范操作意识，养成严谨的工艺规划习惯，注重装夹精度与刀具选择的合理性。

3.1 概述

车削是指在车床上利用工件的旋转运动和刀具的移动来改变毛坯形状和尺寸，将其加工成所需零件或半成品的一种加工方法。其中工件的旋转运动为主运动，车刀相对工件的移动为进给运动。

车削主要用于加工零件上的回转表面，如内外圆柱面、内外圆锥面、内外螺纹、成形面、沟槽、滚花以及端面等（图3-1）。车削可以完成上述表面的粗加工、半精加工和精加

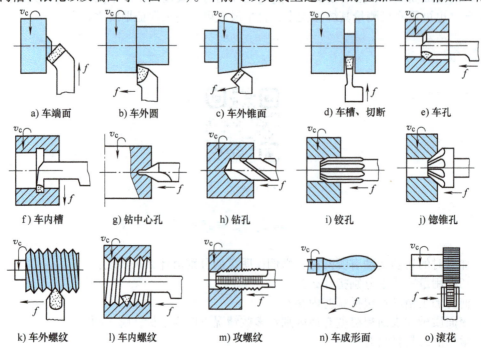

a) 车端面　　b) 车外圆　　c) 车外锥面　　d) 车槽、切断　　e) 车孔

f) 车内槽　　g) 钻中心孔　　h) 钻孔　　i) 铰孔　　j) 锪锥孔

k) 车外螺纹　　l) 车内螺纹　　m) 攻螺纹　　n) 车成形面　　o) 滚花

图 3-1　车床的加工范围

工，所用刀具主要是车刀，还可以用钻头、铰刀、丝锥和滚花刀等。车削加工的尺寸公差等级可达 IT8～IT7，表面粗糙度值可达 $Ra1.6\mu m$。车削不仅可以加工金属材料，还可以加工木材、塑料、橡胶和尼龙等非金属材料。

车床的种类很多，主要有卧式车床、立式车床、转塔车床、自动及半自动车床、仪表车床、仿形车床和数控车床等。车床适合加工轴类、套类和盘类等回转类零件（图3-2）。在机械制造工业中，车床是应用很广泛的金属切削机床之一。

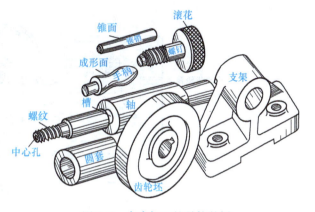

图3-2 车床加工的零件举例

3.2 卧式车床及其基本操作

车床的种类繁多，工程训练中常用的是应用范围最广的卧式车床，下面以 CA6136 型卧式车床为例来学习和认识车床。

3.2.1 CA6136 型卧式车床的型号

按照 GB/T 15375—2008《金属切削机床型号编制方法》规定，机床型号由大写的汉语拼音字母和阿拉伯数字按一定的规律组合而成。其含义为：

C—类代号：车床类。

A—结构特性代号：在同类机床中起区分机床结构、性能的作用。表示 CA6136 型卧式车床与 C6136 型卧式车床主参数值相同而结构、性能不同。

6—组代号：落地及卧式车床组。

1—系代号：卧式车床系。

36—主参数：在床身上工件最大回转直径为 360mm。

3.2.2 CA6136 型卧式车床的组成

CA6136 型卧式车床的主要组成部分有主轴箱、交换齿轮箱、进给箱、光杠、丝杠、溜板箱、刀架、尾座和床身，如图3-3所示。其用途分述如下：

1. 主轴箱

主轴箱内部装有主轴和变速传动机构，用于支承主轴并将动力经变速传动机构传给主轴。变换箱外手柄的位置，改变箱内齿轮的啮合关系，可使主轴得到不同的转速，主轴通过卡盘带动工件旋转，以实现主运动。

主轴是空心轴，以便装夹细长棒料和用顶杠卸下顶尖。主轴右端的外锥面用于安装卡盘、花盘等夹具，内锥孔用于安装顶尖。

2. 交换齿轮箱

交换齿轮箱可用于将主轴的旋转运动传给进给箱。调换交换齿轮箱内的齿轮，并与进给箱配合，可以车削出不同螺距的螺纹。

14

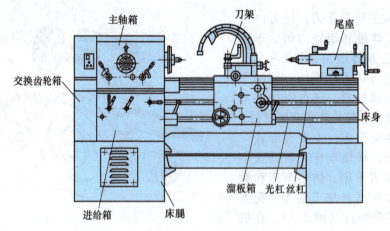

图 3-3　CA6136 型卧式车床

3. 进给箱

进给箱内部装有进给运动的齿轮变速机构，用于将主轴经交换齿轮机构传来的旋转运动传给光杠或丝杠。变换进给箱外手柄的位置，改变箱内齿轮的啮合关系，可使光杠或丝杠得到不同的转速，从而使刀具获得不同的进给量或改变被加工螺纹螺距。

4. 光杠

光杠可用于将进给箱的运动传给溜板箱，通过溜板箱带动刀架上的刀具做直线进给运动。

5. 丝杠

丝杠通过开合螺母带动溜板箱，使主轴的旋转运动与刀架上刀具的移动遵循严格的比例关系，用于车削各种螺纹。

6. 溜板箱

溜板箱是车床进给运动的操纵箱，上面与刀架相连。它可以将光杠传来的旋转运动转变为刀架的纵向或横向直线运动，也可以将丝杠传来的旋转运动通过开合螺母转变为车螺纹时刀架的纵向直线运动，还可以实现刀架的快速移动。

7. 刀架

刀架用于装夹刀具，可带动刀具做纵向、横向或斜向直线进给运动，刀架的组成如图 3-4 所示。刀架由床鞍、中滑板、转盘、小滑板和方刀架组成。

（1）床鞍　床鞍与溜板箱连接，可带动刀架沿床身导轨做纵向直线移动。

（2）中滑板　中滑板可带动小刀架沿床鞍上面的导轨做横向直线移动。

（3）转盘　转盘与中滑板用螺栓紧固，松开螺母，便可在水平面内扳转任意角度。

（4）小滑板　小滑板可沿转盘上面的导轨做短距离移动。将转盘扳转一定角度后，小刀架带动车刀可做相应的斜向直线移动，以便加工锥面。

（5）方刀架　用于装夹和转换刀具，最多可同时安装四把车刀。

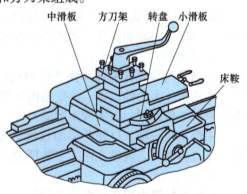

图 3-4　刀架的组成

8. 尾座

尾座安装在床身导轨上，可调节纵向位置，在尾座套筒内安装顶尖可支承工件，也可以安装钻头、铰刀等刀具进行孔的加工，如图3-5所示。

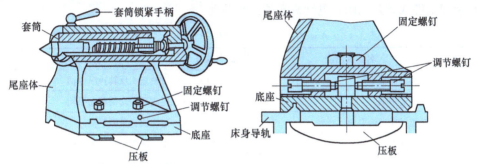

图3-5 尾座

9. 床身

床身是车床的基础零件，用以支承和连接各主要部件并保证各部件之间有正确的相对位置。床身上面有内、外两组平行的导轨（三角导轨和平面导轨），外侧的导轨用以床鞍的运动导向和定位，内侧的导轨用以尾座的运动导向和定位。床身背部装有电气箱。床身的左右两端分别支承在左右床腿上，左床腿内安放电动机和装润滑油，右床腿内装切削液，如图3-6所示。

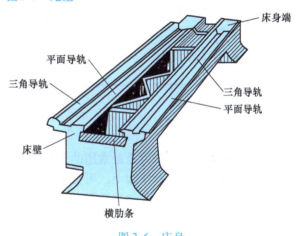

图3-6 床身

3.2.3 CA6136型卧式车床的操作系统

在使用车床前，必须了解各个操纵手柄（图3-7、表3-1）的用途以免损坏机床，操作机床时应当注意下列事项：

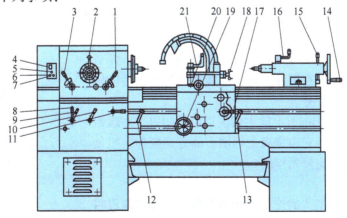

图3-7 CA6136型卧式车床的操作手柄

1）主轴箱手柄只许在停机时扳动。

2）进给箱手柄只许在低速或停机时扳动。

3）机床起动前应检查各手柄位置是否正确。

4）装卸工件或离开机床时电动机必须停止转动。

表 3-1　CA6136 型卧式车床的操作手柄的名称及用途

图上编号	名称及用途	图上编号	名称及用途
1	主轴高、低档手柄	12、13	主轴正、反转操纵手柄
2	主轴变速手柄	14	尾座顶尖套筒移动手轮
3	纵向正、反进给手柄	15	尾座快速紧固手柄
4	电源总开关	16	尾座顶尖套筒固定手柄
5	冷却开关	17	开合螺母操纵手柄
6	单击控制按钮	18	小刀架移动手柄
7	急停按钮	19	床鞍纵向移动手轮
8、9、10、11	螺距及进给量调整手柄、丝杠光杠变换手柄	20	中滑板横向移动手柄
		21	方刀架转位、固定手柄

3.3　车刀及其安装

在金属切削加工中，车刀是最常用的刀具之一，同时也是研究刨刀、铣刀和钻头等切削刀具的基础。车刀用在各种车床上，可加工外圆、内孔、端面和螺纹，也可用于车槽或切断等。现在以常用的外圆车刀为例来学习车刀。

3.3.1　车刀的组成

车刀由刀头（或刀片）和刀体两部分组成，刀头为切削部分，刀体为固定夹持部分，外圆车刀的组成如图 3-8 所示。刀头一般由三面两刃一尖组成，分别是：

1. 三面

（1）前面（前刀面）　刀具上切屑流过的表面。

（2）后面（后刀面）　与工件上切削中产生的表面相对的表面。

（3）副后面（副后刀面）　刀具上同前面相交形成副切削刃的后面。

2. 两刃

（1）主切削刃　起始于切削刃上主偏角为零的点，并至少有一段切削刃拟用来在工件上切出过渡表面的那个整段切削刃，担负主要切削任务。

（2）副切削刃　切削刃上除主切削刃以外的刃，亦起始于主偏角为零的点，但它向背离主切削刃的方向延伸，担负少量切削任务，起一定修光作用。

3. 一尖

主切削刃与副切削刃的连接处相当少的一部分切削刃叫刀尖，可以是小的直线段或圆弧。刀尖又称过渡刃。

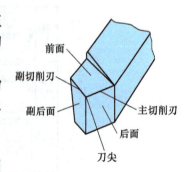

图 3-8　外圆车刀的组成

3.3.2 车刀的刀具材料

刀具材料通常是指刀具切削部分的材料,目前最常用的车刀刀具材料是硬质合金和高速钢。

1. 硬质合金

硬质合金是用高硬度、高熔点的金属碳化物(如 WC、TiC、TaC 和 NbC 等)微米数量级的粉末和金属黏合剂(如 Co 和 Ni 等)在高压下成形后,经高温烧结而成的粉末冶金材料。

硬质合金具有很高的硬度(74~82HRC)、耐磨性和耐热性(850~1000℃),切削速度远远超过高速钢,但抗弯强度远低于高速钢,脆性大,抗振动和抗冲击性能差。

2. 高速钢

高速钢是以钨、钼、铬和钒为主要合金元素的高合金工具钢。

高速钢具有较高的硬度(62~67HRC)、耐磨性和耐热性(550~600℃)。虽然高速钢的硬度、耐热性及允许的切削速度远不及硬质合金,但它的抗弯强度、冲击韧性比硬质合金高,其抗弯强度为一般硬质合金的2~3倍。高速钢可以加工有色金属、高温合金等材料加工范围广泛。

同时高速钢具有制造工艺简单、容易磨成锋利的切削刃及能锻造和热处理等优点,所以常用来制造形状复杂的刀具,如钻头、拉刀、铣刀、齿轮刀具及成形刀具等。

常用的高速钢牌号有 W18Cr4V 和 W6Mo5Cr4V2 等。

3.3.3 车刀的分类

1. 按结构型式分类

通常可分为整体式车刀、焊接式车刀和机械夹固式车刀,如图3-9所示。

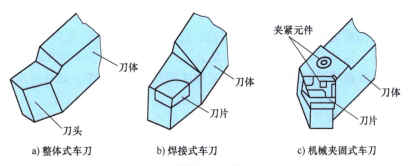

a) 整体式车刀　　　　b) 焊接式车刀　　　　c) 机械夹固式车刀

图 3-9　常用车刀的结构型式

(1)整体式车刀　车刀的切削部分与夹持部分是用同一种材料制成的,根据不同用途刃磨成所需要的形状和几何角度,可多次刃磨。常用的有整体式高速钢车刀。

(2)焊接式车刀　车刀的切削部分与夹持部分材料完全不同,切削部分多以刀片形式焊接在刀体上。这类车刀可节省贵重的刀具材料,结构简单、紧凑,抗振性能好,制造方便,刀体可反复使用。常用的有焊接式硬质合金车刀,这种车刀是用黄铜、纯铜或其他焊料将一定形状的硬质合金刀片钎焊到普通结构钢刀体上而制成的。

(3)机械夹固式车刀　它是将刀片用机械夹固的方式安装在刀体上的一种车刀,刀体和刀片均为标准件,刀体可重复使用。机械夹固式车刀又分为机夹车刀和可转位车刀。机夹车刀的刀片只有一个切削刃,用钝后必须刃磨,而且可多次刃磨。可转位车刀也是机夹车刀一类，它与普通机夹车刀的不同在于其刀片为多边形，每一边都可作切削刃，用钝后只需将刀片转位，即可使新的切削刃投入工作。常用的有机械夹固式硬质合金车刀。

2. 按用途分类

通常可分为切断刀、90°左偏刀、90°右偏刀、弯头车刀、直头车刀、成形车刀、宽刃精车刀、外螺纹车刀、内螺纹车刀、端面车刀、内槽车刀和内孔车刀。

3.3.4 车刀的安装

车刀使用时必须正确安装，卧式车床上车刀的安装如图 3-10 所示，其基本要求如下：

1）车刀刀尖应与车床的主轴轴线等高。一般采用安装在车床尾座上的后顶尖高度作为找正刀尖高度的基准，通过调整刀体下面的垫片数量来校准高度。还可采用试车工件端面的方式，若端面中心无残留台，则安装合适，反之应调整刀尖高度。垫片安放要平整，数量不宜过多，一般不超过 3 片。

2）车刀刀体应与车床主轴的轴线垂直。

3）车刀刀头应尽可能伸出短些，一般伸出长度不超过刀体厚度的两倍。若伸出过长、刀体刚度减弱，切削时易产生振动。

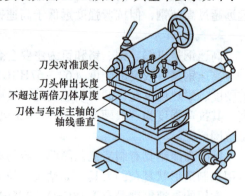

刀尖对准顶尖
刀头伸出长度
不超过两倍刀体厚度
刀体与车床主轴的
轴线垂直

图 3-10　车刀的安装

4）车刀位置找正后，应拧紧刀架紧固螺钉，一般使用两个螺钉，交替逐个拧紧。

5）装好工件和车刀后，进行加工极限位置检查，以免产生干涉或碰撞，然后锁紧刀架。

3.3.5 车刀和工件的冷却及润滑

切削时所消耗的能量绝大部分转变为热能，使得刀头、工件以及切屑具有很高的温度。为了改善散热条件，延长刀具的使用寿命，防止工件因热变形而影响加工精度，避免灼热的切屑飞出伤人，通常使用切削液。切削液的主要作用是冷却和润滑，此外还具有清洗和防锈的作用。

常用的切削液主要有乳化液和切削油，乳化液主要起冷却作用，切削油主要起润滑作用。

硬质合金刀具耐热性较好，一般不用切削液。高速钢刀具耐热性较差，一般选用以冷却性能为主的切削液。

3.4　车床夹具

车床适合加工工件上的回转表面，由于工件的形状、大小和数量不同，必须采用不同的装夹方法。装夹工件必须保证工件待加工表面的回转中心线与车床主轴的中心线重合。车床常用的夹具有自定心卡盘、顶尖、花盘、心轴和单动卡盘等。

3.4.1　自定心卡盘

自定心卡盘是车床上最常用的通用夹具，其结构如图 3-11 所示。当用卡盘扳手转动任何一个小锥齿轮时，大锥齿轮都将随之转动，从而带动三个卡爪在卡盘体的径向槽内同时做向心或离心运动，以夹紧或松开工件。自定心卡盘主要用来装夹截面为圆形、正六边形的中小型轴类、盘套类零件。

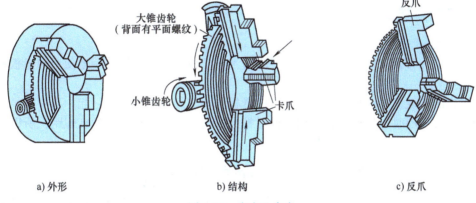

a) 外形　　　　　　　　b) 结构　　　　　　　　c) 反爪

图 3-11　自定心卡盘

3.4.2　顶尖

如果工件比较长，用自定心卡盘等一端装夹方式工件的刚度不足时，可采用顶尖装夹。方法有"一夹一顶"（图 3-12）装夹法和双顶尖装夹法（图 3-13）。

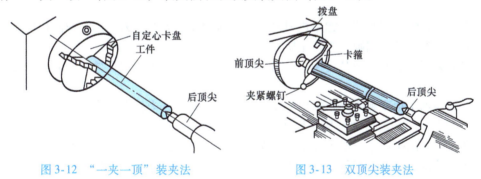

图 3-12　"一夹一顶"装夹法　　　　　图 3-13　双顶尖装夹法

用顶尖装夹工件，必须先车平端面，并用中心钻在端面上钻出中心孔，中心孔是工件在顶尖上装夹时的定位基准。

（1）"一夹一顶"装夹法　指工件的前端采用卡盘装夹，后端采用顶尖支顶的装夹方法，多用于粗加工、半精加工或加工较重工件的情况。

（2）双顶尖装夹法　指工件的前后端均采用顶尖支顶的装夹方法，多用于精加工。

顶尖分固定顶尖和回转顶尖，如图 3-14 所示。生产中应根据不同的加工要求来选择前、后顶尖。

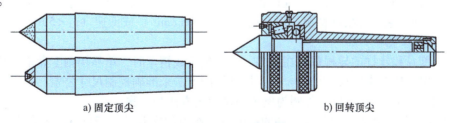

a) 固定顶尖　　　　　　　　b) 回转顶尖

图 3-14　常用顶尖的种类

3.5 车削操作及加工

3.5.1 车削操作要点

1. 刻度盘的使用

在车削工件时要准确、迅速地掌握背吃刀量及工件尺寸，必须熟练地使用中滑板和小滑板的刻度盘。

中滑板的刻度盘紧固在丝杠轴头上，中滑板和丝杠的螺母紧固在一起。当中滑板的手柄带动刻度盘转一周时，丝杠也转一周，这时螺母带动中滑板移动一个丝杠螺距，所以中滑板移动的距离可根据刻度盘上的格数来计算

$$刻度盘每转一格中滑板移动的距离 = \frac{丝杠螺距}{刻度盘格数}$$

CA6136 型卧式车床中滑板丝杠螺距为 5mm，中滑板刻度盘等分为 250 格，所以刻度盘每转一格，中滑板移动的距离为 5mm/250＝0.02mm，即刻度盘每转一格，中滑板带动车刀移动 0.02mm。由于工件是旋转的，所以工件径向被切下的部分是车刀移动距离（背吃刀量）的两倍。

加工外圆时，车刀向工件中心移动为进刀，远离工件中心为退刀；而加工内孔时，则正好相反。

由于丝杠和螺母有间隙，如果进刀时刻度盘转动超程需要退刀，则必须向相反方向退回半周左右消除丝杠螺母间隙，再转至所需位置。

小刀架刻度盘的原理及其使用与横刀架相同，它主要用于控制工件长度方向的尺寸。

2. 车削的分类

根据零件加工精度和表面粗糙度的要求不同，车削可分为粗车、半精车和精车。

（1）粗车　粗车的目的是尽快地从工件上切去大部分加工余量，使工件接近最后的形状和尺寸，以提高生产率。粗车要给半精车和精车留有适当的加工余量，其加工精度和表面粗糙度要求较低。粗车应优先选用较大的背吃刀量 a_p，其次应尽可能选用较大的进给量 f，中滑板多采用中等或中等偏低的切削速度。

粗车铸件时，因工件表面有硬皮，如果背吃刀量很小，刀尖容易被硬皮碰坏或磨损，因此第一刀的背吃刀量应大于硬皮厚度。

（2）半精车　半精车的目的是作为较高加工精度表面精车或磨削前的预加工。其背吃刀量 a_p 和进给量 f 均较粗车时小。半精车加工的公差等级为 IT10～IT9，表面粗糙度值为 $Ra6.3～3.2\mu m$。

（3）精车　精车的目的是保证零件获得所要求的加工精度和表面粗糙度值。精车加工的公差等级可达 IT8～IT7，表面粗糙度值可达 $Ra1.6\mu m$。精车时应选用较小的背吃刀量 a_p 和进给量 f，切削速度应根据情况选用高速（$v_c \geqslant 100m/min$）或低速（$v_c < 5m/min$）。

3. 试切的方法与步骤

因为刻度盘和丝杠的导程都存在误差，在半精车或精车时，单靠用刻度盘来调整背吃刀量往往不能保证所要求的尺寸公差，需要用试切的方法来准确控制尺寸公差，达到尺寸精度的要求。如图 3-15 所示，以车外圆为例说明试切的方法与步骤：

1）开机对刀，即确定刀具与工件的接触点，作为背吃刀量（切削深度）的起点。对刀

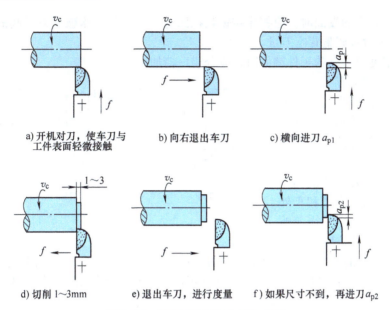

a) 开机对刀，使车刀与 　　　b) 向右退出车刀 　　　c) 横向进刀 a_{p1}
工件表面轻微接触

d) 切削 1~3mm 　　　e) 退出车刀，进行度量 　　　f) 如果尺寸不到，再进刀 a_{p2}

图 3-15　车外圆的试切方法与步骤

时必须开机，这样不仅可以找到刀具与工件的最高处接触点，而且也不易损坏车刀。

2）沿进给反方向退出车刀。

3）横向进刀。

4）进给切削。

5）如需再切削，可使车刀沿进给反方向移出，再增加背吃刀量进行切削。如果不再切削，则应先将车刀沿进刀反方向退出，脱离工件，再沿进给反方向退出车刀。

3.5.2　各种表面的车削加工

1. 车端面

轴、套和盘类工件的端面经常用来作轴向定位、测量的基准，车削加工时，一般都先将端面车出。端面的车削方法及所用车刀如图 3-16 所示。

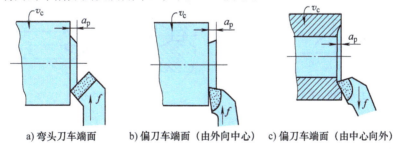

a) 弯头刀车端面 　　　b) 偏刀车端面（由外向中心） 　　　c) 偏刀车端面（由中心向外）

图 3-16　车端面

车端面时应注意以下几点：

1）车刀的刀尖应对准工件的回转中心，否则会在端面中心留下凸台。

2）车端面时，应选用比较高的转速，因为工件中心处的线速度较低，端面表面质量不易保证。

3）车直径较大的端面时，应将床鞍锁紧在床身上，以防由床鞍让刀引起的端面外凸或内凹。此时用小滑板调整背吃刀量。

4）加工精度要求高的工件端面时，应分粗、精加工。

2. 车外圆和车台阶

将工件车成圆柱形表面的方法称为车外圆。车外圆是车削加工中最基本的操作方法，常用外圆车刀车外圆如图3-17所示。

车台阶实际上是车外圆和车端面的组合，其加工方法和车外圆没有什么明显区别，只需兼顾外圆的尺寸和台阶的位置。

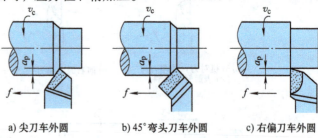

a) 尖刀车外圆　　b) 45°弯头刀车外圆　　c) 右偏刀车外圆

图 3-17　常用外圆车刀车外圆

高度小于5mm的低台阶，可根据台阶的形式选用合适的车刀一次车出。高度大于5mm的高台阶，应分层进行切削，最后一刀应横向退出，以平整台阶端面，如图3-18所示。

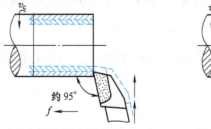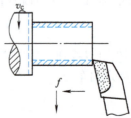

a) 偏刀主切削刃和工件轴线约成95°，
分多次纵向进给车削

b) 在末次纵向进给后，车刀应
横向退出，车出90°台阶

图 3-18　车台阶

3. 孔加工

车床上孔的加工方法有钻中心孔、钻孔、扩孔、铰孔和镗孔。

（1）钻中心孔　中心孔是工件在顶尖上装夹时的定位基准，常用的中心孔有A、B两种类型，如图3-19所示。

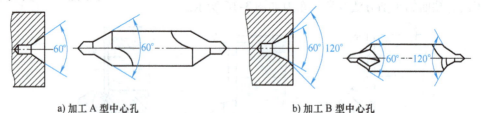

a) 加工A型中心孔　　　　　　b) 加工B型中心孔

图 3-19　中心孔与中心钻

A型中心孔由60°锥孔和里端的小圆柱孔构成。60°锥孔与顶尖的60°锥面相配合，小圆柱孔用以保证锥孔与顶尖锥面配合贴切，并可储存少量润滑油。

B型中心孔的外端比A型中心孔多一个120°的锥面，以保证60°锥孔的外圆不被碰坏，也便于在顶尖上精车轴的端面。

因中心孔直径小，钻孔时应选择较高的转速，并缓慢进给，待钻到尺寸后让中心钻稍做停留，以降低中心孔的表面粗糙度值，如图3-20所示。

（2）钻孔　用钻头在实心材料上加工孔称为钻孔，其加工的公差等级为 IT12～IT11，表面粗糙度值为 $Ra25～12.5\mu m$，属于内孔粗加工。在车床上钻孔如图 3-21 所示，钻头装在尾座套筒内，工件旋转为主运动，用双手顺时针转动尾座手轮，钻头的纵向移动为进给运动。为便于钻头定心，防止钻偏，钻孔前应先将工件端面车平，最好用中心钻钻出中心孔或车出小坑作为钻头的定位孔。钻比较深的孔时须经常退出钻头以便排出切屑。在钢件上钻孔时应加注切削液，以降低切削温度，延长钻头的使用寿命。

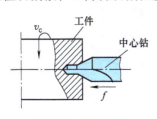
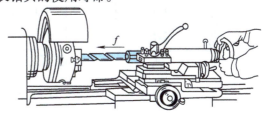

图 3-20　钻中心孔　　　　　图 3-21　在车床上钻孔

（3）扩孔　用扩孔钻对已有孔（铸出、锻出或钻出的孔）进行扩大加工称为扩孔，如图 3-22 所示。扩孔的加工尺寸公差等级为 IT10～IT9，表面粗糙度值为 $Ra6.3～3.2\mu m$。

扩孔可作为铰孔或磨孔前的预加工，它是孔的半精加工。当孔的精度要求不太高时，扩孔也可作为孔加工的最后加工。

（4）铰孔　用铰刀对钻孔、扩孔进行精加工称为铰孔，如图 3-23 所示。铰孔加工的尺寸公差等级为 IT8～IT7，表面粗糙度值为 $Ra1.6～0.8\mu m$。

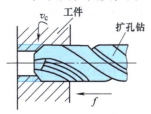
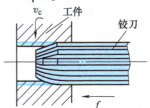

图 3-22　在车床上扩孔　　　　图 3-23　在车床上铰孔

（5）镗孔　用镗刀车内孔称为镗孔。镗孔是用镗刀对已铸出、锻出或钻出的孔作进一步加工，以达到扩大孔径、提高精度、降低表面粗糙度值和纠正原有孔轴线偏斜的目的。镗孔可分为粗镗、半精镗和精镗。精镗加工的公差等级为 IT8～IT7，表面粗糙度值为 $Ra1.6～0.8\mu m$。

镗刀分为两种，一种是通孔用镗刀，其主偏角小于 90°，用于镗削通孔；一种是不通孔用镗刀，其主偏角大于 90°，用于镗削不通孔和台阶孔。镗孔及所用的镗刀如图 3-24 所示。

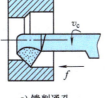
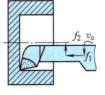
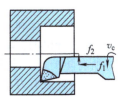

a）镗削通孔　　　b）镗削不通孔　　　c）镗削台阶孔

图 3-24　在车床上镗孔

镗刀杆应尽可能粗些。

安装镗刀时，刀杆中心线应大致平行于工件轴线，伸出刀架的长度应尽可能短，刀尖要略高于孔中心线，以减小振动、避免扎刀和镗刀下部碰伤孔壁。

4. 车槽与切断

（1）车槽　在工件上车削沟槽的方法称为车槽。在车床上能加工的槽有外槽、内槽和端面槽等，如图 3-25 所示。

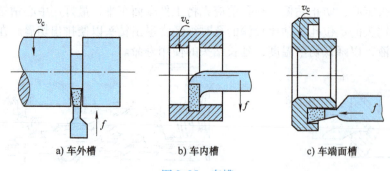

a) 车外槽　　　　　b) 车内槽　　　　　c) 车端面槽

图 3-25　车槽

车削宽度小于 5mm 的窄槽时，可用主切削刃刃宽与槽宽相等的切槽刀一次车出；车削宽槽时，先沿纵向分段粗车，再精车出槽宽及槽深。

（2）切断　把坯料或工件从夹持端上分离下来的切削方法称为切断。在车床上主要用于圆棒料、管料的下料或把加工完的工件从坯料上分离下来。

切断的过程与切槽相似，只是刀具要切到工件的回转中心，并且切断刀的刀头较切槽刀的刀头更窄长一些，如图 3-26 所示。切断短工件时一般采用卡盘装夹，而悬伸较长的工件要用顶尖顶住或用中心架支承，以增加工件的刚度。

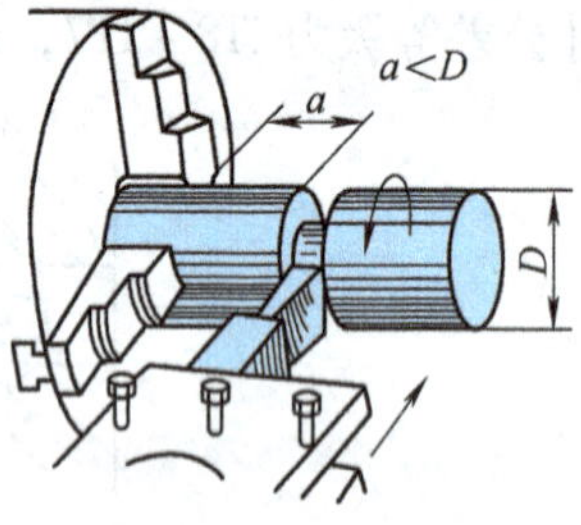

切断时应注意以下几点：

1）切断时刀尖必须与工件等高，否则切断处会留有凸台，也容易损坏刀具。

2）切断处应靠近卡盘，以增加工件刚度，减小切削时的振动。

3）切断刀伸出不宜过长，以增强刀具刚度。

图 3-26　切断

4）减小刀架各滑动部分的间隙，提高刀架刚度，减小切削过程中的变形与振动。

5）切断时切削速度要低，采用缓慢均匀的手动进给，以防进给量太大造成刀头折断。

3.6　车削安全操作技术规程

1）保持车床和周围区域的清洁、整齐。

2）在开机前，应检查润滑油面标高、卡盘旋转方向，更换磨损和损坏的螺母、螺钉，装好所有防护罩，给所有润滑点注油，保证进给机构处于中间空档位置。

3）检查所有刀具和工具。不得使用有裂纹或损坏的刀具、工具或没有手柄的锉刀和刮刀。应使用尺寸适宜的扳手、量具。夹紧工件后，必须及时取下卡盘扳手。

4）在使用机床前，必须了解操纵手柄的用途和机床的性能，否则不得开动机床。

5）先学会停机、再开动机床。先开机、后进给，先停进给、后停机。主轴箱和变速箱手柄只许在停机时扳动，进给箱手柄只许在停机或低速时扳动。

6）时刻注意刀架部分的行程极限，纵向移动方刀架时，防止碰撞卡盘和尾座；横向移动方刀架时，向前不超过主轴中心线，向后横溜板不超过导轨面。

7）主轴的制动是由正、反车手柄操纵制动机构来实现的，当手柄扳到停止位置时，机构就使主轴受到制动。绝对不能用手柄瞬时改变方向的操作来代替制动。

8）工作完毕，机床停稳前，不得打开防护罩，不得关掉机床总电源。三靠后是指中滑板逆时针旋转靠后，床鞍和尾座靠到床尾。

9）装卸工件或附件时，应采用有安全工作载荷的吊重装置，并在使用前检查吊重装置，确保其没有过度磨损或损坏，应注意工件上的毛刺和锐利刃口。不得用手提举过重工件和机床附件，不得在切削液中洗手。

10）事故无论大小，一律立即报告。

知识拓展

北斗：北斗之路

复习思考题

1. 卧式车床由哪几部分组成？各有何功用？

2. 主轴的转速是否就是切削速度？主轴转速提高，刀架移动就加快，这是否意味着进给量加大？

3. 车削时工件和刀具须做哪些运动？切削用量包括哪些内容？分别用什么单位表示？

4. 试切的目的是什么？试切的步骤有哪些？

5. 用中滑板手柄进刀时，如果刻度盘的刻度多转了 3 格，能否直接退回 3 格？为什么？应如何处理？

第4章 铣 削

【目的与要求】

1. 了解铣削加工的基本知识。
2. 了解铣床的组成、运动和用途，熟悉常用铣刀和铣床附件的结构和用途。
3. 熟悉常用铣刀的种类和材料。
4. 掌握铣削的工件装夹方法。
5. 了解铣削加工的安全技术操作规程。
6. 掌握铣床的操作技能，能按零件图独立完成作业件的铣削加工。
7. 培养规范与标准意识，严格遵循工艺文件要求，培养标准化生产意识。

4.1 概述

铣削加工是利用铣刀对工件进行切削加工，通常在铣床上进行。它也是机械制造中最常用的切削加工方法之一。铣削的主运动是铣刀的旋转运动，进给运动是工件做直线（或曲线）移动。如图4-1所示，铣削加工范围有铣削平面、铣削台阶面、铣削沟槽、铣削角度面、铣削成形面及切断等。使用附件和工具还可以铣削齿轮、花键、螺旋槽、凸轮和离合器等复杂零件，也可以进行钻孔、镗孔或铰孔。铣削加工的公差等级一般可达 IT10 ~ IT8，表面粗糙度值可达 $Ra6.3 ~ 1.6\mu m$。铣削加工有以下特点：铣刀是一种多齿刀具，铣削时，几

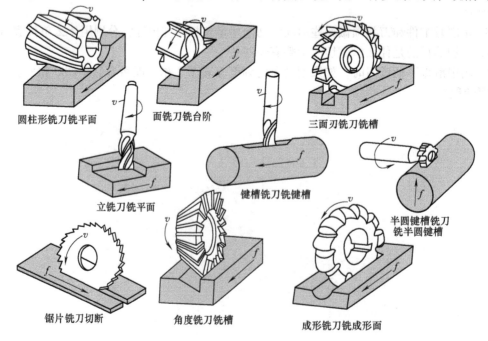

圆柱形铣刀铣平面　　面铣刀铣台阶　　三面刃铣刀铣槽

立铣刀铣平面　　键槽铣刀铣键槽　　半圆键槽铣刀铣半圆键槽

锯片铣刀切断　　角度铣刀铣槽　　成形铣刀铣成形面

图 4-1　铣削加工范围

个刀齿同时参加切削，有较高的生产率；铣刀上的每个刀齿是间歇地参加工作的，因而使得刀齿的冷却条件好，刀具寿命长；铣刀刀齿是断续工作，铣削加工不平稳。

4.2 铣床及其附件

铣床的种类很多，最常见的是卧式（万能）铣床和立式铣床。两者的区别在于前者主轴水平设置，后者主轴竖直设置。

4.2.1 卧式万能铣床

X6125 卧式万能升降台铣床的主要组成部分如图 4-2 所示。

4.2.2 摇臂万能铣床

如图 4-3 所示为 X6325T 摇臂万能铣床，它既可用于立铣加工，也可用于卧铣加工。它的前上部有一个立铣头，其作用是安装主轴和铣刀。

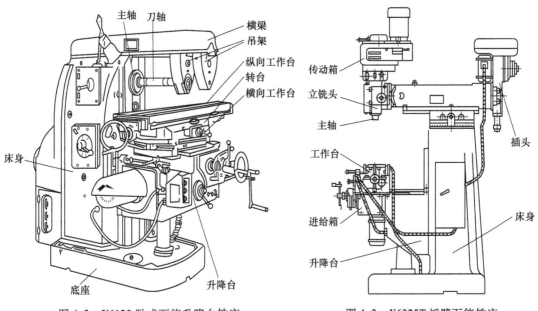

图 4-2 X6125 卧式万能升降台铣床   图 4-3 X6325T 摇臂万能铣床

4.2.3 附件

1. 万能铣头

在卧式铣床上装上万能铣头，不仅能完成各种立式铣床的工作，还可以根据铣削的需要，把铣头主轴扳成任意角度，如图 4-4 所示。

2. 机用虎钳

铣床所用机用虎钳钳口本身的精度及其相对于底座底面的位置精度均较高。底座下面还有定位键，以便安装时以工作台上的 T 形槽定位。机用虎钳是用来装夹工件的，如图 4-5 所示。

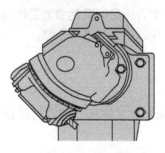

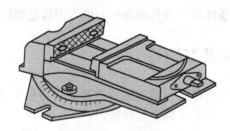

图 4-4　万能铣头　　　　　　　图 4-5　机用虎钳

3. 回转工作台

回转工作台除了能带动它上面的工件一同旋转外，还可完成分度工作。用它可以加工工件上的圆弧形周边、圆弧形槽、多边形工件和有分度要求的槽或孔等，如图 4-6 所示。

4. 万能分度头

万能分度头是铣床的主要附件之一，它利用底座下面的导向键与工作台中间的 T 形槽相配合，并用螺栓将其底座紧固在工作台上。分度头主轴前端可安装卡盘装夹工件，也可安装顶尖与尾座顶尖一起支承工件，如图 4-7 所示。

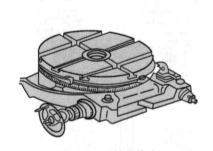

图 4-6　回转工作台

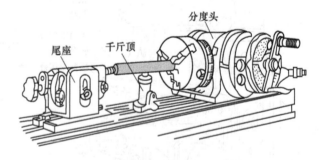

图 4-7　万能分度头

4.3　铣刀及其材料

铣刀是一种多齿刀具，其刀齿分布在圆柱形铣刀的外圆柱表面或面铣刀的端面上。铣刀的种类很多，按其安装方法可分为带柄铣刀和带孔铣刀两大类。铣刀材料指铣刀切削部分的材料，常用的有高速钢和硬质合金两大类。

4.3.1　带柄铣刀

带柄铣刀有直柄和锥柄之分，一般直径小于 20mm 的较小铣刀做成直柄，直径较大的铣刀多做成锥柄。带柄铣刀多用于立式铣床，如图 4-8 所示。

（1）硬质合金镶齿面铣刀　用于加工较大的平面。刀齿主要分布在刀体端面上，还有部分分布在刀体周边，一般是在刀齿上装有硬质合金刀片，可以进行高速铣削，以提高效率。

（2）立铣刀　多用于加工沟槽、小平面和台阶面等。立铣刀有直柄和锥柄之分。

（3）键槽铣刀　用于加工键槽。

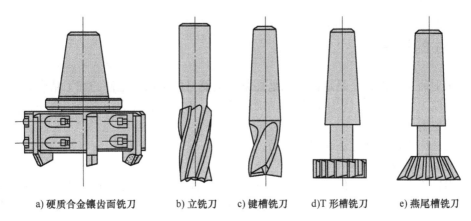

| a) 硬质合金镶齿面铣刀 | b) 立铣刀 | c) 键槽铣刀 | d)T 形槽铣刀 | e) 燕尾槽铣刀 |

图 4-8 带柄铣刀

（4）T 形槽铣刀 用于加工 T 形槽。

（5）燕尾槽铣刀 用于加工燕尾槽。

4.3.2 带孔铣刀

带孔铣刀适用于卧式铣床加工，能加工各种表面，应用范围较广，如图 4-9 所示。

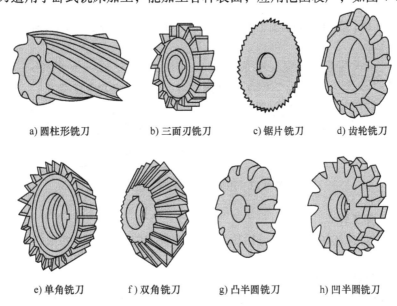

| a) 圆柱形铣刀 | b) 三面刃铣刀 | c) 锯片铣刀 | d) 齿轮铣刀 |

| e) 单角铣刀 | f) 双角铣刀 | g) 凸半圆铣刀 | h) 凹半圆铣刀 |

图 4-9 带孔铣刀

（1）圆柱形铣刀 其刀齿分布在圆柱表面上，通常分为直齿和斜齿两种，用于加工中小平面。

（2）三面刃铣刀 用于加工直槽、小平面和小台阶面。

（3）锯片铣刀 用于加工窄缝和切断。

（4）齿轮铣刀 用于在铣床上加工齿轮。

（5）角度铣刀 用于加工角度槽和斜面。

（6）圆弧铣刀 用于加工与切削刃形状相对应的成形面。

4.4 工件的装夹

在铣床上装夹工件，一是定位，二是夹紧，主要目的是保证工件的加工精度。

定位是使工件在加工过程中能处在正确的位置。夹紧是使工件在加工中能承受切削力，并保持正确位置。

工件在铣床上的装夹方法有以下三类：

1. 用通用夹具装夹工件

比如用机用虎钳装夹工件，如图 4-10 所示；铣削加工各种需要分度的工件时，可用分度头装夹，如图 4-11 所示；当铣削一些有圆弧形表面的工件时，可用回转工作台装夹，如图 4-12 所示。

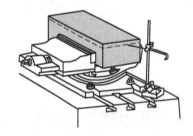

图 4-10　用机用虎钳装夹工件

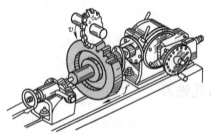

图 4-11　用分度头装夹工件

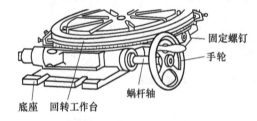

固定螺钉

手轮

蜗杆轴

底座　回转工作台

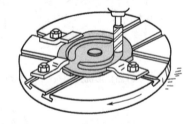

图 4-12　用回转工作台装夹工件

2. 用压板装夹工件

对于较大或形状特殊的工件，可用压板、螺栓直接装夹在铣床的工作台上，如图 4-13 所示。

3. 用专用夹具装夹工件

利用各种简易和专用夹具装夹工件，如图 4-14 所示，可提高生产效率和加工精度。

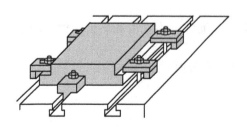

图 4-13　用压板装夹工件

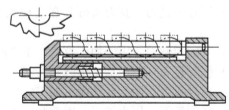

图 4-14　用夹具装夹工件

4.5 铣削典型表面

在铣床上利用各种附件和使用不同的铣刀，可以铣削平面、铣削沟槽、铣削成形面、铣削螺旋槽、钻孔和镗孔等。

4.5.1 铣水平面和垂直面

在铣床上用圆柱形铣刀、立铣刀和面铣刀都可进行水平面加工。用面铣刀和立铣刀可进行垂直平面的加工。用面铣刀加工水平面和垂直面如图 4-15 所示。因其刀杆刚度高，同时参加切削的刀齿较多，切削较平稳，加上端面刀齿副切削刃有修光作用，所以切削效率高，刀具耐用，工件表面粗糙度值较低。用面铣刀加工平面是平面加工中最主要的方法，而用圆柱形铣刀加工平面，则因其在卧式铣床上使用方便，在单件小批量加工小平面时仍广泛使用。

a) 在立式铣床上端铣水平面　　　　　　b) 在卧式铣床上端铣垂直面

图 4-15　用面铣刀铣平面

4.5.2 铣斜面

可用以下几种方法进行铣斜面加工：

（1）把工件倾斜所需角度　这种方法是装夹工件时将倾斜面转到水平位置，然后按铣平面的方法来加工此斜面，如图 4-16 所示。

（2）把铣刀倾斜所需角度　这种方法是在立式铣床或有万能铣头的卧式铣床上进行的，使用面铣刀或立铣刀，刀杆转过相应角度。加工时工作台须带动工件做横向进给，如图 4-17 所示。

（3）用角度铣刀铣斜面　可在卧式铣床上用与工件角度相符的角度铣刀直接铣斜面，如图 4-18 所示。

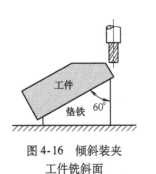

图 4-16　倾斜装夹
工件铣斜面

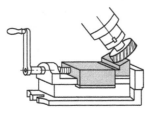

图 4-17　刀具倾斜铣斜面

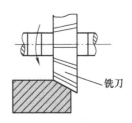

图 4-18　用角度铣
刀铣斜面

4.5.3 铣沟槽

在铣床上可铣各种沟槽。

1. 铣直角沟槽

直角沟槽有敞开式、半封闭式和封闭式 3 种，可用三面刃铣刀、立铣刀和键槽铣刀加工。一般用键槽铣刀在轴上铣封闭式键槽，如图 4-19a 所示。因键槽铣刀一次轴向进给不能太大，要注意逐层切削，如图 4-19b 所示。

2. 铣 T 形槽及燕尾槽

铣 T 形槽或燕尾槽时应分两步

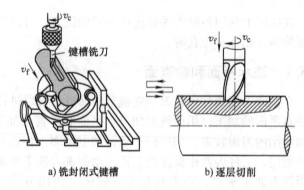

a) 铣封闭式键槽　　b) 逐层切削

图 4-19　在立式铣床上铣封闭式键槽

进行，先用立铣刀或三面刃铣刀铣出直槽，然后在立式铣床上用 T 形槽铣刀或燕尾槽铣刀最终加工成形，如图 4-20 所示。

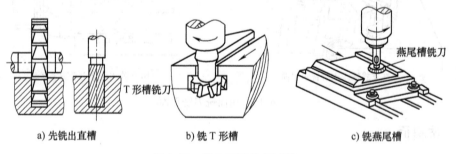

a) 先铣出直槽　　　　　b) 铣 T 形槽　　　　　c) 铣燕尾槽

图 4-20　铣 T 形槽及燕尾槽

4.5.4 铣成形面

一般在卧式铣床上用与工件成形面形状相吻合的成形铣刀铣成形面，如图 4-21 所示。铣削圆弧面是把工件装夹在回转工作台上进行的，如图 4-12 所示。一些曲面也可用靠模在铣床上加工，如图 4-22 所示。

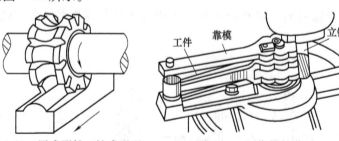

图 4-21　用成形铣刀铣成形面　　　　图 4-22　用靠模铣曲面

4.6　齿形加工

齿轮齿形的加工，按加工原理可分为成形法和展成法两大类。

4.6.1 成形法

成形法是采用与被切齿轮齿槽形状相符的成形刀具加工齿形的方法。用齿轮铣刀在铣床上加工齿轮的方法属于成形法。

铣齿加工特点：

1）用普通的铣床设备，且刀具成本低。

2）生产效率低。每切完一齿就要进行分度，辅助时间较多。

3）齿轮精度低。齿形精度 11 ~ 9 级。齿形精度低的主要原因是每号铣刀的刀齿轮廓只与该号铣刀规定的铣范围内最少齿数齿轮的理论齿廓相吻合，而用此号铣刀加工同组的其他齿数的齿轮齿形时就会存在一定误差。

4.6.2 展成法

展成法就是利用齿轮刀具与被切齿坯做啮合运动而切出齿形的方法。最常用的方法是插齿加工和滚齿加工。

1. 插齿加工

插齿加工在插齿机上进行，相当于一个齿轮的插齿刀与齿坯按一对齿轮做啮合运动而切成齿形。插齿过程可分解为：插齿刀先在齿坯上切下一小片材料，然后插齿刀退回并转过一个角度，齿坯也同时转过相应角度。之后，插齿刀又下插在齿坯上切下一小片材料。不断重复上述过程，整个齿槽被一刀刀地切出，齿形则被逐渐地包络而成。因此，一把插齿刀可加工相同模数而齿数不同的齿形，不存在理论误差。插齿加工原理如图 4-23 所示。

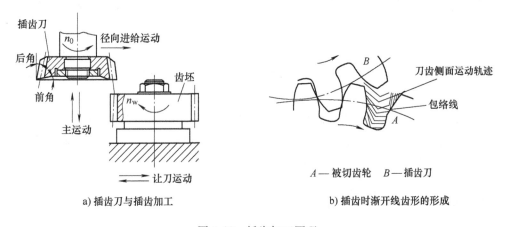

a) 插齿刀与插齿加工　　　　　　　　b) 插齿时渐开线齿形的形成

图 4-23　插齿加工原理

插齿加工适用于加工直齿圆柱齿轮、多联齿轮及内齿轮。插齿加工的精度等级一般为 8 ~ 7 级，齿面粗糙度值为 $Ra1.6\mu m$。

2. 滚齿加工

滚齿加工是用滚齿刀在如图 4-24 所示的滚齿机上加工齿轮的方法。滚齿加工原理是滚齿刀和齿坯模拟一对螺旋齿轮做啮合运动。滚齿刀好比一个齿数很少（1 ~ 2 齿）、齿很长的齿轮，形似蜗杆，经刃磨后形成一排排齿条刀齿。因此，可把滚齿加工看成是齿条刀对齿坯的加工。

滚切齿轮过程可分解为：前一排刀齿切下一小片材料之后，后一排刀齿切下时，由于旋转的滚刀为螺旋形，所以使刀齿位置向前移动了一小段距离，而齿轮坯则同时转过相应角度，后一排刀齿便切下另一小片材料。这正如齿条刀向前移动，齿轮坯转动。就这样，齿坯被一刀刀地切出整个齿槽，齿侧的齿形则被包络而成。所以，这种方法可用一把滚齿刀加工模数相同齿数不同的齿轮，不存在理论齿形误差。滚齿加工原理如图 4-25 所示。

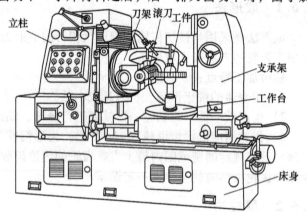

图 4-24　滚齿机

滚切直齿圆柱齿轮时有以下运动：

（1）主运动　滚刀的旋转运动。

（2）展成运动　分齿运动保证滚齿刀和被切齿轮的转速符合所模拟的一对齿轮的啮合运动关系。即滚刀转 1r，工件转 K/z（K 是滚刀的齿数，z 为齿轮齿数）。

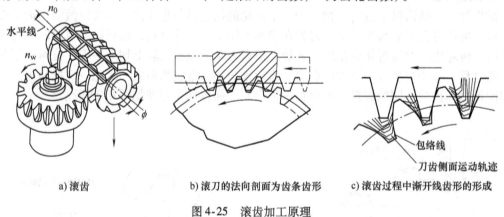

a) 滚齿　　　b) 滚刀的法向剖面为齿条齿形　　　c) 滚齿过程中渐开线齿形的形成

图 4-25　滚齿加工原理

（3）垂直进给运动　要切出齿轮的全齿宽，滚刀须沿工件轴向做垂直进给运动。

滚齿加工适于加工直齿、斜齿圆柱齿轮。齿轮加工精度为 8～7 级，齿面粗糙度值为 $Ra1.6\mu m$。在滚齿机上用蜗轮滚刀或链轮滚刀还能滚切蜗轮或链轮。

4.7　铣削安全操作技术规程

1）开机前检查刀具、工件和夹具装夹是否牢固可靠，应清除机床上工具和其他物品，以免在机床开动时产生意外事故。

2）开机前检查所有手柄、开关和控制按钮是否处于正确位置。

3）加工工件前先手动或试运行检查运行长度和位置是否正确，工件与机床各部、刀具等处是否有碰撞的地方，使用快速调整时应尤其注意这一点。

4）机床运转时不得装卸工件、调整机床和刀具、测量工件或擅离工作岗位。

5）铣刀不得使用反转。

6）工件在工作台上要轻拿轻放；吊起前应将夹紧螺钉全部松开。

7）工作结束后，应关闭电动机并切断电源，将所有手柄和控制旋钮都扳到空档位置，然后清理切屑，打扫场地，将机床擦拭干净，加好润滑油。

8）操作人员必须穿工作服，佩戴防护眼镜和帽子及必要的防护用品，以防发生人身事故。

知识拓展

大国工匠：大道无疆

复习思考题

1. 什么是铣削加工？
2. 什么是铣削的主运动和进给运动？
3. 铣削的主要加工范围是什么？
4. 常用铣床可分为哪两大类？简述其主要特征和功用。
5. 铣刀按装夹方式可分为哪两大类？
6. 铣刀常用材料有哪两大类？
7. 铣刀上用于切削部分的材料应具备哪些基本性能？
8. 铣削斜面的常用方法有哪几种？
9. 铣削加工时，工件的装夹方法有哪3类？
10. 工件装夹时应注意哪两个问题？

第5章 钳 工

【目的与要求】

1. 了解钳工工作在机械制造及机械维修中的作用。
2. 熟悉钳工常用设备、工具和量具的使用方法。
3. 熟悉划线、锉削、锯削和钻孔的操作。
4. 了解攻螺纹、套螺纹和机械部件装配的基本知识。
5. 掌握钳工工作的安全操作技术规程。
6. 培养工匠精神，通过手工锉削、划线等精密操作，锤炼耐心与细致的工作态度。

5.1 概述

钳工主要通过手持工具对夹紧在台虎钳上的工件进行切削加工。钳工操作的劳动强度大、生产效率低且对工人技术水平要求较高。目前随着科技不断地发展，各种先进的加工方法不断涌现，最终能够减轻或解放劳动力。钳工的某些基本操作确实可以用机械加工的方法完成，但是由于钳工操作具有所用工具简单、加工多样灵活、操作方便和适应面广等特点，故有很多不适合机械加工的工作仍需要由钳工来完成，例如，机器的组装、调试和维修等，或者加工前的准备工作，如清理毛坯、毛坯或半成品工件上的划线等工作，以及单件或精密零件的制作，锉削样板和制作模具等。因此钳工在机械制造及机械维修中有着不可取代的地位。

钳工的基本操作技能包括划线、锉削、锯削、钻孔、扩孔、铰孔、攻螺纹、套螺纹、刮削、装配、调试、维修及修理等。钳工的操作范围如此广泛，以致形成了钳工的专业分工，如普通钳工、划线钳工、模具钳工、装配钳工和机修钳工等。

5.2 钳工常用的设备

钳工常用的设备有台虎钳、钳台（钳桌）、砂轮机和钻床等。

1. 台虎钳

台虎钳装在钳台上，用于夹持工件。台虎钳有固定式和回转式两种，两者的主要结构基本相同，不同的是回转式台虎钳多了一个转盘座，转盘可绕夹紧盘回转，便于加工方位的调整，如图 5-1 所示。钳身上（固定的和活动的）有钢质淬硬的网状钳口，能使工件夹紧后不易产生滑动。台虎钳的规格以钳口的宽度表示，有 100mm、125mm 和 150mm 等几种。

使用台虎钳时，应注意下列事项：

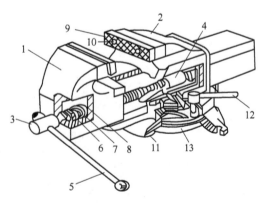

图 5-1 回转式台虎钳

1—活动钳身 2—固定钳身 3—丝杠 4—螺母
5、12—手柄 6—弹簧 7—挡圈 8—销
9—钢质钳口 10—螺钉 11—转盘座 13—夹紧盘

1) 在钳台上安装台虎钳时，必须使固定钳身的钳口处于钳台边缘之外，以保证夹持长条形工件时，工件的下端不受钳台边缘的阻碍，并且安装要牢固。

2) 台虎钳必须牢固地固定在钳台上，使钳身工作时不会松动。

3) 工件尽可能夹在钳口的中部，使钳口受力均匀，夹紧工件时要松紧适当，只允许依靠手的力量来扳动手柄，不允许借助其他工具加力，以免丝杠、螺母或钳身损坏。

4) 只能在钳口前的砧面上敲击工件。

5) 夹持精密工件或已加工表面时，应在钳口处加软垫（如铜皮），以防夹伤工件表面。

6) 丝杠和其他活动表面上要经常加油润滑，防止生锈，并保持清洁。

7) 使用回转式台虎钳时，必须将固定钳身锁紧后方能夹持工件进行加工。

2. 钳台（钳桌）

钳台用来安装台虎钳、放置工具和工件等。钳台一般用硬质木材制成，台面常用低碳钢包封，安放要平稳，台面高度为 800～900mm。为防切屑飞出伤人，其上装有防护网，台面上的工具和量具要分类放置。安装台虎钳后要达到合适操作者工作的高度，一般以钳口高度恰好与人手肘平齐为宜。图 5-2 所示为钳台上工具、量具摆放的情形。

3. 砂轮机

砂轮机主要是用来刃磨錾子、钻头和车刀等刀具或其他工具等的设备，其由电动机、砂轮、机架、机座和防护罩等组成，如图 5-3 所示。使用砂轮机时应注意安全，要严防发生砂轮碎裂和人身事故。

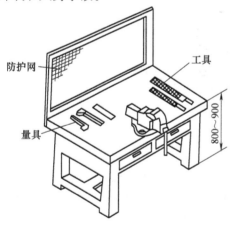

图 5-2 钳台上工具、量具的摆放

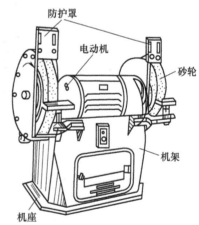

图 5-3 砂轮机

操作时应注意以下两点：

1) 砂轮的旋转方向应正确，使磨屑向下方飞离砂轮。

2) 砂轮机起动前，人站立在砂轮侧面，等待砂轮旋转平稳后才能进行磨削。

4. 钻床

钳工常用的钻床有台式钻床、立式钻床和摇臂钻床。钻床的规格以可加工孔的最大直径表示。

（1）台式钻床 台式钻床简称台钻，是一种放在工作台上使用的小型钻床，其结构如图 5-4a 所示。台钻小巧灵活、结构简单、操作方便，主要用于加工直径 $\phi 12mm$ 以下的孔，但其自动化程度低。

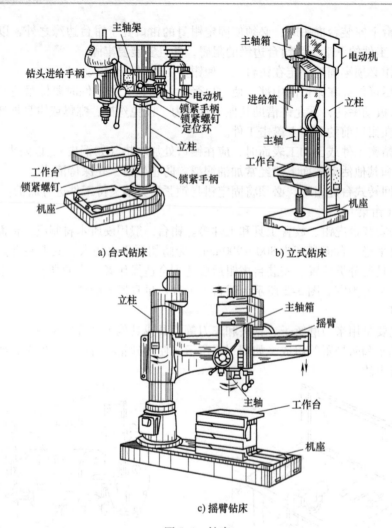

a) 台式钻床　　　　　b) 立式钻床

c) 摇臂钻床

图 5-4　钻床

（2）立式钻床　立式钻床简称立钻，是一种应用广泛的孔加工机床，其结构如图 5-4b 所示。与台钻相比，立钻刚度好、功率大，又可以自动进给，所以生产率较高，加工精度也较高。但是立钻的主轴只能上下移动，主轴相对工作台的位置是固定的，加工时需要移动工件来定位孔心位置，所以立钻主要用于加工中小型工件上的孔径在 $\phi50$mm 以下的孔。

（3）摇臂钻床　摇臂钻床由机座、立柱、摇臂和主轴箱等组成，如图 5-4c 所示，其结构比较复杂，但操纵灵活，其主轴箱装在可以绕垂直立柱回转的摇臂上，又可沿摇臂的水平导轨移动，同时摇臂还可沿立柱上下移动。由于结构上的这些特点，操作时能很方便地调整钻头位置，使钻头对准被加工孔的中心，而不需要移动工件。因此，摇臂钻床主要用于大型工件的孔加工，特别是多孔工件的加工。

5.3　划线

划线是利用划线工具，根据图样或实物的要求，准确地在毛坯或半成品上划出加工界线，或划出作为基准的点、线的操作。

划线是钳工的先行工序，划线的准确与否直接影响到产品的质量。

5.3.1 划线的分类及作用

划线分平面划线和立体划线。在工件的一个表面上划线叫平面划线，如图5-5所示。在工件的几个互成不同角度（一般是互相垂直）的表面上进行划线，也就是在长、宽、高3个方向上划线叫立体划线，如图5-6所示。

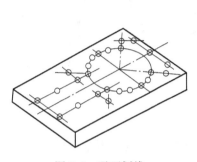 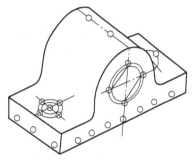

图5-5 平面划线   图5-6 立体划线

在加工工件的过程中，划线起着重要的指导作用，工件的加工精度（尺寸、形状）不能完全由划线确定，而应该在加工过程中通过测量来保证。划线的主要作用有：

1）确定工件的加工余量，使机械加工有明确的尺寸界线。

2）便于复杂工件在机床上安装，可以按划线找正定位。

3）能够及时发现和处理不合格的毛坯，避免浪费加工工时。

4）合理调整加工余量（即借料划线）可以使误差不大的毛坯得到补救，使加工后的零件仍能符合要求。

5）按线下料，可正确排料，使材料得到合理使用。

5.3.2 划线的工具及用途

1. 基准工具

划线平板的上表面经过精刨或刮削，是划线的基准平面，要求非常平直和光洁，由铸铁制成，如图5-7所示。

2. 绘划工具

（1）划针 划针是划线的基本工具，常用弹簧钢或高速钢经刃磨后制成。使用时，划针要紧靠金属直尺或直角尺等导向工具的边缘，上部向外倾斜约8°～12°，向划线方向倾斜45°～75°。划线时，要做到尽可能一次完成，并使线条清晰、准确。划针及其使用方法如图5-8所示。

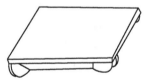

图5-7 划线平板

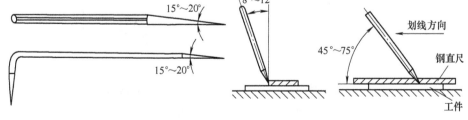

a) 划针   b) 划针的使用方法

图5-8 划针及其使用方法

39

（2）划规　划规用工具钢制成，两脚尖要经过淬火硬化，并且要保持锐利。为使脚尖耐磨，也可在两脚尖的尖部焊上硬质合金尖，常用的划规如图5-9所示。划规的用途很多，主要用途是画圆，把金属直尺上量取的尺寸用划规移到工件上划分线段、划角度、划圆周或曲线及测量两点间距离等。在使用划规作线段部分、划圆和划角度时，要以一脚尖为中心，加上适当压力，以免滑位；在金属直尺上量取尺寸时，必须量准，为减少误差，要反复地量几次，如图5-10所示。

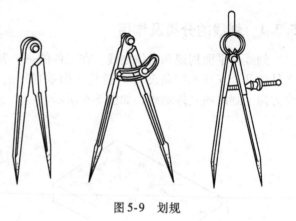

图5-9　划规

（3）单脚划规　单脚划规可用于确定轴和孔的中心，也可用于以已加工边为基准边，划平行线。单脚划规的两脚要等长，脚尖要淬火硬化，两脚开合松紧要适当，防止松动，影响划线质量，如图5-11所示。

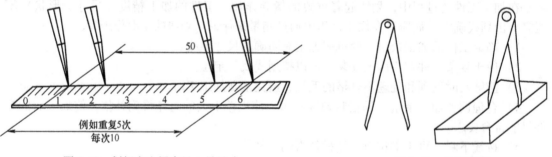

图5-10　划规在金属直尺上量尺寸　　　　　图5-11　单脚划规

（4）划线盘　普通划线盘的直针尖用来划与基准面平行的直线，另一端弯头是用来找正工件位置的，如图5-12a所示。精密划线盘（图5-12b）的支杆装在跷动杠杆上，调整跷动杠杆的调整螺钉，可使支杆带着划针上下移动到需要的位置。这种划线盘多用于在刨床、车床上找正工件位置。

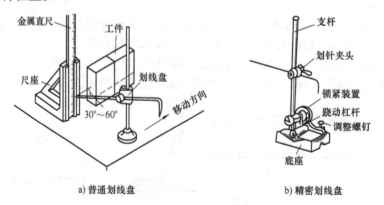

a）普通划线盘　　　　　　　　　b）精密划线盘

图5-12　划线盘及其使用

（5）样冲　样冲由工具钢（T7、T8）制成，尖端经淬火硬化，尖角一般为45°～60°。

在加工过程中，有些工件上已划好的线可能被擦掉。为了便于看清所划的线，划线后要用样冲在线条上打出小而均匀的样冲眼作标记；用划规划圆和定钻孔中心时，也要打样冲眼，便于钻孔时对准钻头。样冲及其用途如图 5-13 所示。

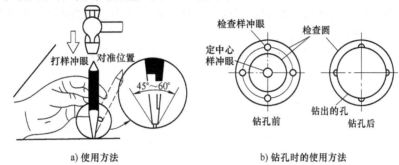

a) 使用方法　　　　　　　　　　b) 钻孔时的使用方法

图 5-13　样冲及其用途

3. 量具

（1）金属直尺　金属直尺是采用不锈钢材料制成的一种简单长度量具，其长度规格有 150mm、300mm、500mm 和 1000mm 等多种。金属直尺主要用来量取尺寸和测量工件，也可用作划直线时的导向工具，如图 5-14 所示。

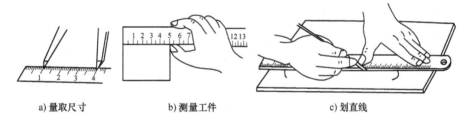

a) 量取尺寸　　　　　b) 测量工件　　　　　c) 划直线

图 5-14　金属直尺的使用

（2）直角尺　直角尺可用来划平行线和垂直线，还可用来找正工件在划线平板上的垂直位置，并可检验工件两平面的垂直度或单个平面的平面度，如图 5-15 所示。

（3）高度卡尺　图 5-16a 所示为普通高度卡尺，由金属直尺和底座组成，用于给划线

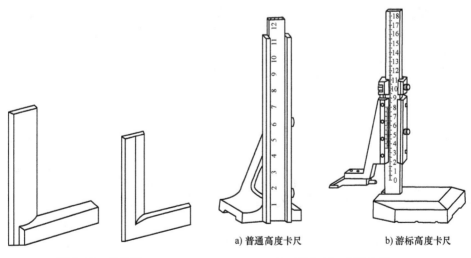

a) 普通高度卡尺　　　b) 游标高度卡尺

图 5-15　直角尺　　　　　　　图 5-16　高度卡尺

盘量取高度尺寸（图5-12a）；图5-16b所示为游标高度卡尺，它附有划针脚，能直接表示出高度尺寸，其分度值一般为0.02mm，可作为精密划线工具。

4. 支承工具

（1）V形铁　V形铁通常用来支承圆柱形工件，以便找中心线或中心。V形铁通常安放在划线平台上，V形槽夹角一般成90°或120°，如图5-17所示。

（2）千斤顶　千斤顶用于支承不规则或较大工件时的划线找正。通常3个一组，其高度可以调整，如图5-18所示。

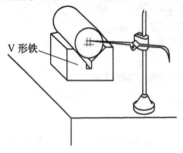

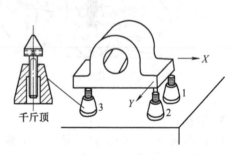

图5-17　用V形铁支承工件　　　　　　　图5-18　用千斤顶支承工件

（3）方箱　方箱是用铸铁制成的空心立方体，方箱上相邻平面互相垂直，相对平面互相平行，并都经过精加工，一面上有V形槽和压紧装置，如图5-19所示。

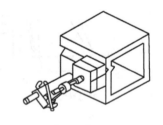

a) 将工件压紧在方箱上，划出水平线　　　b) 方箱翻转90°，划出垂直线

图5-19　方箱夹持工件划线

5.3.3　划线基准的选择

基准是确定零件各要素间的尺寸和位置关系的点、线和面。设计图样上所选用的基准为设计基准；在工件上划线时所选用的基准为划线基准。选择划线基准时，应尽量使划线基准与设计基准相重合。基准重合可以简化尺寸换算过程，保证加工精度。同时，也要根据图样上尺寸标注、工件形状及已加工的情况等来确定。常见的划线基准有3种类型：

1）以两个互相垂直的平面为基准，如图5-20a所示。划线前，先把这两个垂直的平面

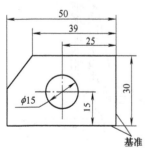
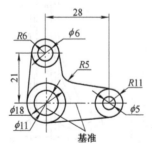
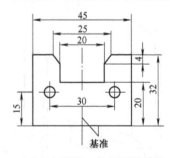

a) 两个互相垂直平面为基准　　　b) 两条中心线为基准　　　c) 一个平面和一条中心线为基准

图5-20　划线基准

加工好，使其互成90°角，然后都以这两个平面为基准，划出其他加工线。

2）以两条中心线为基准，如图 5-20b 所示。划线前，先在平台上找出工件上相对的两个位置，划出两条中心线，然后再根据中心线划出其他的加工线。

3）以一个平面和一条中心线为基准，如图 5-20c 所示。划线前，先将底平面加工好，再划出中心线和其他加工线。

5.3.4 划线操作的注意事项

1）分析图样，确定合理的划线基准，并检查工件是否合格。
2）工件支承夹持要稳定，以防滑倒或移动。
3）在一次支承找正后，应把需要划出的线划全，以免再次支撑补划造成误差。
4）应正确使用划线所用工具和量具，以免产生误差。
5）线条要清晰均匀，尺寸准确。

5.4 锉削

锉削就是用锉刀从工件表面上锉掉多余的金属，使工件达到图样上要求的尺寸、形状和表面粗糙度的加工方法。锉削加工简便，工作范围广，可加工平面、曲面、内外表面、沟槽、孔眼和各种形状相配合的表面，以及装配时对工件进行修理等。尺寸公差值可达 0.01mm，表面粗糙度值可达 $Ra0.8\mu m$。

5.4.1 锉削工具

锉刀是锉削的工具，是由碳素工具钢 T12、T13 或 T12A、T13A 制成的、并经淬硬的一种锉削工具，其硬度一般在 62～67HRC 之间。锉刀表面不应该有毛刺、裂纹、崩齿、重齿和跳齿等缺陷。

1. 锉刀的结构

锉刀由锉刀面、锉刀边、锉刀尾、木柄和锉刀舌等部分组成，如图 5-21 所示。锉刀面是锉削的主要工作面。

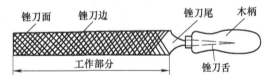

图 5-21 锉刀各部分名称

2. 锉刀的种类

锉刀按用途不同分为钳工锉刀、整形锉刀和异形锉刀等。生产中应用最多的为钳工锉刀，按其断面形状不同又可分为扁锉、方锉、三角锉、半圆锉和圆锉，如图 5-22 所示，以锉削不同形状的工件表面。方锉的尺寸规格以方形尺寸表示，圆锉的尺寸规格用直径表示，其他锉刀的尺寸规格则以锉身长度表示，按其工作部分长度不同可分为 100mm、125mm、150mm、200mm、250mm、300mm、350mm、400mm 和 450mm 等。

整形锉刀主要用于修整工件细小部分的表面，一般以 5、6 或 12 把为一组。异形锉刀用于锉削工件上特殊的表面，有刀形锉、双半圆形锉、单面三角锉和椭圆锉等。

锉刀的齿纹有单齿纹和双齿纹两种。单齿纹锉刀的切削力大，一般用于切削铝等软材料；双齿纹锉刀的双齿纹的方向和角度不同，易于断屑和排屑，切削力小，一般用于硬材料的切削。锉刀按齿纹粗细不同可分为粗齿锉、中齿锉、细齿锉和油光锉等。

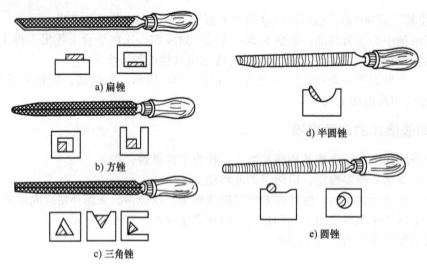

a) 扁锉

d) 半圆锉

b) 方锉

c) 三角锉

e) 圆锉

图 5-22　普通锉刀的种类

5.4.2　锉削姿势要领

1. 锉刀的握法

锉刀的大小不同，握法也不同，如图 5-23 所示。图 5-23a 所示为大锉刀的握法，右手心抵着锉刀柄的端头，拇指放在锉刀柄的上面，其余四指放在下面配合大拇指捏住锉刀柄。左手拇指根部肌肉压在锉刀尖上面，拇指自然伸直，其余四指向手心弯曲，用食指、中指捏住锉刀前端。图 5-23b 所示为中锉刀的握法，右手握法和上面一样，左手采用半扶法，即用拇指、食指、中指轻握即可。图 5-23c 所示为小锉刀的握法，通常一只手握住即可。

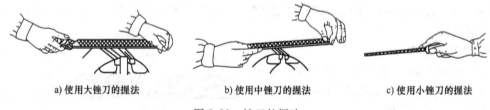

a) 使用大锉刀的握法　　　　　　　b) 使用中锉刀的握法　　　　　　　c) 使用小锉刀的握法

图 5-23　锉刀的握法

2. 锉削姿势

正确的锉削姿势和动作能减少疲劳，提高工作效率，保证锉削质量。只有勤学苦练，才能逐步掌握这项技能。锉削姿势与使用的锉刀大小有关，用大锉锉平面时，正确姿势如下：

（1）站立位置　两脚立正面向台虎钳，站在台虎钳中心线左侧，与台虎钳的距离按大小臂垂直、端平锉刀时锉刀尖部能搭放在工件上来掌握。然后迈出左脚，迈出距离约与锉刀等长，左脚与台虎钳中线约成30°角，右脚与台虎钳中线约成75°角，如图 5-24 所示。

（2）锉削姿势　锉削时的姿势应如图 5-25 所示，左腿弯曲，右腿伸直，身体重心落在左脚上。两脚始终站稳不动，靠左腿的屈伸做往复运动，手臂和身体的运动要互相配合。锉削时要对锉刀的全长充分利用。开始锉削时，身体要向前倾斜10°左右，左肘弯曲，右肘向后，但不可太大，如图 5-25a 所示；锉刀推到 1/3 时，身体向前倾斜15°左右，使左腿稍弯曲，左肘稍直，右臂前推，如图 5-25b 所示；锉刀继续推到 2/3 时，身体逐渐倾斜到18°左右，使左腿继续弯曲，左肘渐直，右臂向前推进，如图 5-25c 所示；锉刀继续向前推，把锉刀全长推尽，身体随着锉刀的反作用退回到15°位置，如图 5-25d 所示。推锉终止时，两手按住锉刀，身体恢复到初始位置，不给锉刀压力或略提起锉刀将其拉回。

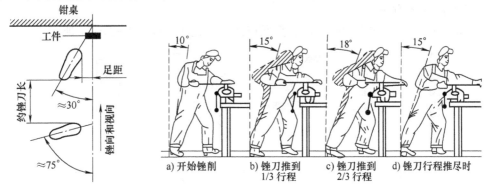

图 5-24 锉削时脚的位置

图 5-25 锉削时的姿势

5.4.3 平面锉削步骤及方法

1. 锉刀选择

合理选用锉刀，对保证加工质量、提高工作效率和延长锉刀使用寿命有很大的影响。一般选择锉刀的原则是：

根据加工件的形状和加工面大小选择锉刀的形状和规格大小，根据工件材料性质、加工余量、精度和表面粗糙度的要求选择锉刀齿纹的粗细。粗锉刀的齿距大，不易堵塞，适合进行粗加工（即加工余量大、标准公差等级高和表面质量要求低）及对铜、铝等软金属进行锉削；细锉刀适合对钢、铸铁以及表面质量要求高的工件进行锉削；油光锉只用来修光已加工表面，锉刀越细，锉出的工件表面越光，但生产率越低。

2. 工件装夹

工件要牢固地装夹在台虎钳钳口中部，且伸出钳口不要太高，以免锉削时产生振动。

3. 锉削力和锉削速度

要使锉削表面平直，必须正确掌握锉削力的平衡。锉削力有水平推力和垂直压力两种。推力主要由右手控制，其大小必须大于锉削阻力才能锉去切屑，压力是由两个手控制的，其作用是使锉齿深入金属表面。锉削时右手的压力要随锉刀推动而逐渐增加，左手的压力要随锉刀推动而逐渐减小；当工件的位置处于锉刀中间位置时，两手压力基本相等；回程时不加压力，以减小锉齿的磨损。这样可以使锉刀两端的力矩相等，保持锉刀的水平直线运动，工件中间就不会出现凸面或鼓形面，如图 5-26 所示。

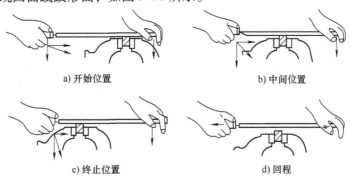

a) 开始位置

b) 中间位置

c) 终止位置

d) 回程

图 5-26 锉削力矩的平衡

锉削往复速度一般以 30~60 次/min 为宜。推出时稍慢，回程时稍快，动作要自然协调。

4. 平面的锉削方法

平面的锉削基本方法有顺向锉法、交叉锉法和推锉法 3 种，如图 5-27 所示。

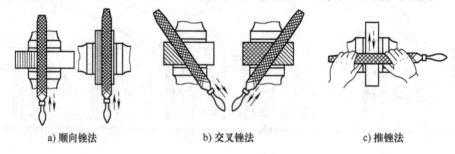

a) 顺向锉法   b) 交叉锉法   c) 推锉法

图 5-27　平面的锉削方法

（1）顺向锉法　锉刀运动方向与工件夹持方向一致的锉削方法。顺向锉的锉纹整齐一致，比较美观，小平面锉削、最后的锉光和锉平，常采用顺向锉。

（2）交叉锉法　锉刀的运动方向与工件夹持方向约成 35°，且第一遍锉削和第二遍交叉进行的锉削方法。交叉锉时锉刀与工件的接触面积增大，锉刀容易掌握平稳，且从锉痕可以判断平面的高低，易锉平。交叉锉法一般用于较大平面、较大余量的粗锉。

（3）推锉法　一般用来锉削狭长平面，也可以在不能用顺向锉法加工时采用。推锉法效率不高，只适用于加工余量较小的锉削和修整尺寸。

5. 检验

锉削时，工件的尺寸可用金属直尺、卡钳或卡尺检查。

工件的平面度可利用透光法，用金属直尺和刀口尺检查。检查时，要在被检查表面的纵向、横向和对角线方向多处逐一进行。如果检查工具与被检查表面间透光均匀，则该表面的平面度较好，如图 5-28 所示。

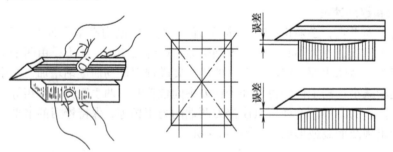

图 5-28　平面度检查

工件的垂直度可利用透光法，用直角尺检查，如图 5-29a 所示。注意直角尺不可倾斜，如图 5-29b 所示。

5.4.4　锉削的注意事项

1）锉刀必须装柄使用，以免刺伤手心。

2）不要用手摸锉削的表面和锉刀工作

a) 正确   b) 不正确

图 5-29　垂直度检查

面，以免再锉时打滑。

3）锉刀被锉屑堵塞后，应用钢刷顺锉纹方向将其刷去。

4）应用钢刷清除锉屑，不要用嘴吹，以免锉屑末进入眼睛。

5）放置锉刀时，不要伸出工作台台面，以免碰落摔断或砸伤脚。

5.5 锯削

锯削就是用锯将材料分割成几个部分或在工件上锯槽，以及锯掉工件上的多余部分的加工方法。锯削分为机器锯削和手工锯削两种。手工锯削所用的手锯结构简单、使用方便且操作灵活，在钳工工作中使用广泛。

5.5.1 锯削工具

手锯是锯削使用的工具，由锯架和锯条两部分组成。生产中常用可调式手锯，如图5-30a所示，这种手锯的锯架分为前后两段，即可调部分和固定部分，可调部分可以在固定部分套内实现伸缩，以便按要求安装不同长度规格的锯条。锯条采用碳素工具钢制成，锯齿硬而脆。锯条规格是以两端安装孔间的距离表示的。常用锯条的规格为长300mm、宽12mm、厚0.8mm。锯齿的形状如图5-30b所示，每个齿相当于一把小刨刀，起切削作用。

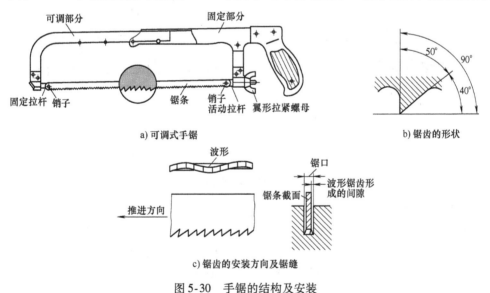

a) 可调式手锯　　　　　　　　　　b) 锯齿的形状

c) 锯齿的安装方向及锯缝

图5-30　手锯的结构及安装

锯条的许多锯齿在制造时按一定的规则左右错开，排列成一定的形状称为锯路。一般粗齿锯条为交叉式，细齿锯条为波浪式。锯路使工件的锯口宽度略大于锯条背部的厚度，防止卡锯，并减少了锯条与锯缝的摩擦阻力，使锯条不致因摩擦过热而加快磨损，如图5-30c所示。

锯齿的粗细按锯条上每25mm长度内的齿数划分为粗齿、中齿和细齿3种。

5.5.2 锯削步骤及方法

右手满握手柄，左手拇指在弓背上，其余四指轻扶在锯弓前，如图5-31a所示。锯削姿势与锉削基本相似。

1. 锯条的选择

锯削时要根据材料性质及厚度选择合适的锯条。粗齿锯条适于锯削铜、铝等软金属以及厚工件，中齿锯条适于锯削普通钢、铸铁及中等厚度工件，细齿锯条适于锯削较硬的钢件、板料及薄壁管材。

2. 锯条安装

安装锯条时，齿尖应背向手柄，与手锯推进方向一致，如图 5-30c 所示，安装的松紧程度要适当。锯条应与钢锯架保持在同一平面内，不能歪斜和扭曲，否则锯削时容易折断。

3. 工件夹持

工件尽可能装夹在台虎钳的左侧，锯削线应与钳口垂直，且伸出钳口不要太长，以免锯削时产生振动。

4. 锯削方法

起锯有远起锯和近起锯两种，一般常采用远起锯。起锯时锯架往复行程应短，压力要轻，锯条应与工件表面垂直，起锯角约小于15°，并用左手拇指靠住锯条，引导锯条切入，如图 5-31a 所示。当整条锯口形成后，锯架应改做水平直线往复运动（图 5-31b），向前推时加压要均匀，返回时锯条从工件上轻轻滑过，不应加压和摆动。当工件快锯断时用力要轻，行程要短，速度要放慢，以免碰伤手和折断锯条。

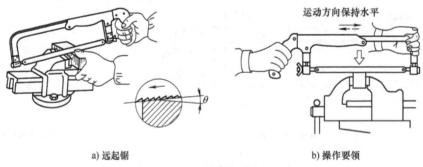

a) 远起锯　　　　　　　　　b) 操作要领

图 5-31　锯削操作

锯削圆钢、扁钢、圆管和薄板的方法，如图 5-32 所示。锯削圆钢时，可从上至下锯削，也可以锯下一定深度截面后转动某一角度再进行锯削；锯削扁钢时，应从较宽的面下锯；锯削圆管时，不可从上而下一次锯断，而应每锯到内壁后将工件向推锯方向旋转一定角度再锯；锯削薄板时，可用模板夹住薄板，或多片重叠锯削。

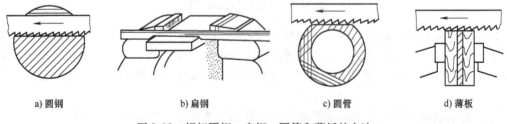

a) 圆钢　　　　b) 扁钢　　　　c) 圆管　　　　d) 薄板

图 5-32　锯切圆钢、扁钢、圆管和薄板的方法

锯削速度以40次/min左右为宜。锯削硬材料时速度慢一些，锯削软材料时速度快一些。

5.5.3 锯削的注意事项

1）要充分利用锯条的全部锯齿，若锯齿崩裂，即使只有一齿崩裂，也不应继续使用。

2）锯条折断，换上新锯条时可从反方向重新开始锯削。如不能反方向锯削，就应小心地把原先的锯缝锯宽些，使新锯条能顺利地通过。

3）必要时在锯削过程中可适当加些切削液，这不仅能延长锯条的寿命，也可减少摩擦，使锯削出的表面更平整。切削液一般为机油，锯削铸铁时可加柴油或煤油。

5.6 钻孔

钻孔是用钻头在实体材料上加工孔的操作。

5.6.1 钻头

常见的孔加工刀具有麻花钻、中心钻、锪钻、铰刀及深孔钻等，其中应用最广泛的是麻花钻。钻头大多用高速钢制成，并经热处理，其由柄部、空刀和工作部分组成，如图5-33a所示。

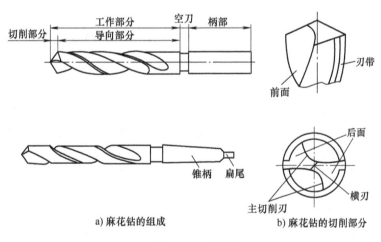

a) 麻花钻的组成　　　b) 麻花钻的切削部分

图5-33 麻花钻

（1）柄部 钻头的夹持部分，用来传递转矩和进给力。按其形状不同，柄部可分为直柄和锥柄两种。钻头直径在$\phi12mm$以下时，柄部做成直柄；在$\phi12mm$以上时，柄部做成锥柄，为了防止锥柄在锥孔内打滑，锥柄尾部为扁尾。

（2）空刀 柄部和工作部分的连接部分，用于退刀，刻有钻头的规格和商标。

（3）工作部分 包括导向部分和切削部分，切削部分起着主要切削作用，它由前面、后面、主切削刃和横刃等组成，如图5-33b所示。导向部分是切削部分的备用段，由螺旋槽和棱边组成，在钻孔时起引导钻头、排屑和修光孔壁等作用。

麻花钻的刀具角度主要有前角γ_o、后角α_o和顶角2ϕ等，如图5-34所示。其中顶角2ϕ是两条主切削刃之间的夹角，一般取$118° \pm 2°$。

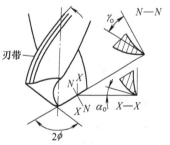

图5-34 麻花钻的几何角度

5.6.2 钻孔步骤及方法

1. 钻孔前准备工作

对孔心进行划线定位，划出孔位的十字中心线，并在十字线交点上打上样冲眼，同时划出加工圆。当孔径较大时，还应该划出检查圆。

2. 工件夹持

按工件的大小、形状、数量和孔位，选用适当的夹持方法和夹具，常用的有机用虎钳，它适用于装夹中小型工件，如图 5-35a 所示。钻直径较大的孔或外形不规则的工件时，需用压板、螺栓和垫块将工件与钻床工作台固定，如图 5-35b 所示。

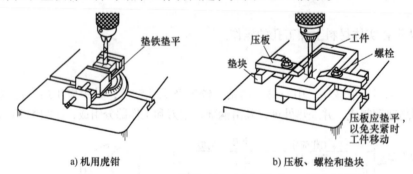

a) 机用虎钳   b) 压板、螺栓和垫块

图 5-35　工件的装夹

3. 钻削

先按打好的样冲眼钻一浅坑，检查其是否与所画圆同心。钻削深孔时，要经常退出钻头以排出切屑和进行冷却，否则可能使切屑堵塞或因钻头过热产生磨损甚至折断，并影响加工质量。钻削通孔时，当孔将被钻透时，要减小进给量，避免钻头在钻穿的瞬间出现抖动，出现"啃刀"现象，影响加工质量，损伤钻头，甚至发生事故。

5.6.3 钻孔的注意事项

1）在使用钻床钻孔时不准戴手套，手中不允许拿棉纱头和抹布，不允许用手清除切屑或用嘴吹切屑，应使用钩子和刷子在停机时清除切屑。

2）钻孔时工件应稳妥夹持，防止工件在钻孔过程中发生移位，或在将要钻透时，因进给量过大而被甩出。

3）钻床工作台面上不准放置量具和其他无关的工具、夹具。钻通孔时应采取相应措施防止钻坏台面。钻床主轴未停妥时，不准用手握住钻夹头。松紧钻夹头必须用锥形钥匙，不准用其他工具乱敲。

5.7　典型零件的钳工操作

1. 锤子（图 5-36）

2. 实习要求

1）熟悉图样。对工件的尺寸和几何公差、技术要求和工艺进行分析，对制作过程形成总体的概念，并根据图样尺寸测量毛坯件加工余量。

2）在教师的指导下，独立运用钳工工具、设备和量具，进行锉削、划线、锯削和钻孔等操作。

3）锤子的材料为45号钢，用16个学时完成。

3. 根据图样要求准备工具、量具

（1）工具 錾子1把，350mm中齿锉刀1把，200mm细齿锉刀1把，$\phi8.5$mm、$\phi13$mm麻花钻各1支，M10丝锥1副，手锯1把；划线用的平板、方箱和样冲。

（2）量具 游标卡尺1把，金属直尺1把，直角尺1把；划线用的圆规、高度卡尺、卡尺和游标高度卡尺。

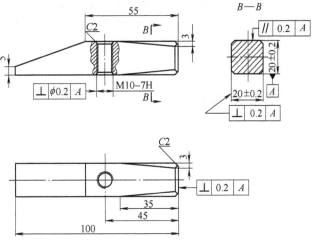

图5-36 锤子零件图

4. 设备

工作台、台虎钳和台钻。

5. 操作步骤

1）把毛坯件夹在台虎钳上固定，用錾子去除毛坯件表面氧化层。

2）加工基准面A面：按着图样要求先选A面进行锉削。用350mm锉刀进行粗加工，采用交叉锉法锉削，锉刀运行中两手施力要均匀平稳，交叉锉完后要把锉纹转成顺锉纹。用游标卡尺主标尺长度的棱边测量A平面，透光均匀为合格，作为基准面。

3）加工A面的对面：先把工件放在平板上划20mm的尺寸线，然后用350mm锉刀进行锉削，一直锉到约20mm±0.2mm尺寸时，用顺向锉法锉平为止。检查平行度。

4）加工与A面相邻的一个大面：锉削方法与A面相同，注意锉平后检查垂直度、平面度。

5）加工与A面相邻的另一个大面：锉削方法与A面的对面相同。检查垂直度、平面度。

6）加工锤头：选尺寸精度高的一头作为锤头进行加工，把工件立着装夹在台虎钳上，用锉刀锉削平面，并与基准面垂直。用直角尺或方箱测量垂直度。

7）倒角：划35mm尺寸线、$C2$mm和3mm的斜线，注意每个角划两条线。用锉刀横向锉削斜面至尺寸。

8）加工斜面。

① 划线。划55mm（3面）、100mm线，再划5mm线并与55mm线相交，用金属直尺连斜线（两面）。

② 锯斜面。工件上锯削线与钳口垂直夹紧，在端头5mm线外起锯，用拇指靠住锯条、轻轻推拉，锯条切入后两手扶住锯架按40次/min左右的速度进行锯削。再锯长度100mm多余部分。

③ 锉斜面至尺寸。

9）钻底孔、攻螺纹。

① 划线。划45mm线与中心线相交，在交点上打样冲眼。

② 钻底孔。选$\phi8.5$mm钻头，夹在台式钻床的钻夹头上，把工件夹在机用虎钳上进行钻削加工，钻透后在孔的两面用$\phi13$mm钻头倒角。

③ 攻M10螺纹。先用初锥攻螺纹。开始攻螺纹时，应把丝锥放正，用目测或直角尺找正丝

锥的位置，然后施加适当压力并转动铰杠，丝锥切削部分切入底孔后，则转动铰杠不再加压。丝锥每转 1～2 圈倒转1/2～1/4 圈，便于断屑。再用二锥攻一次。攻螺纹时加油润滑。

10）用 120#砂纸进行抛光处理。

11）检验。

5.8　钳工安全操作技术规程

1）操作前应根据所用工具的需要和有关规定穿戴好防护用品，女同学必须把长发塞入帽内。

2）操作室严禁喧哗、打闹。

3）所用工具必须齐备、完好可靠，才能开始工作。严禁使用有裂纹、带毛刺、无手柄或手柄松动等不符合安全要求的工具，并严格遵守工具安全操作规程。

4）工具或量具应放在工作台的适当位置，以防掉下损坏工具、量具或伤人。

5）锯削时用力要均匀，不得重压或强扭。零件快断时，应减小用力、缓慢锯削。

6）切屑必须用毛刷清理，不允许用嘴吹或手拭。

7）钻孔时，不准戴手套，手中不允许拿棉纱或抹布。

8）铰孔或攻螺纹时不要用力过猛，以免折断铰刀和丝锥。

9）将要装配的零件有序地放在零件存放架或装配工位上。

10）操作结束后，清点工具并将其整齐地摆放到工具箱内，清扫场地。

知识拓展

大国工匠：大技贵精

复习思考题

1. 简述钳工的特点及其在现代化生产中的应用。
2. 简述钳工的主要设备及其作用。
3. 钳工的基本操作有哪些？
4. 什么叫划线？划线有哪些作用及类型？
5. 如何选择划线基准？划线基准选择有哪三种基本类型？
6. 常用的划线工具有哪些？
7. 平面锉削的基本方法有哪几种？它们的特点分别是什么？
8. 怎样选择锯条？安装锯条时应注意什么？
9. 起锯的操作要领有哪些？
10. 标准麻花钻由哪几部分组成？各有什么作用？

第6章　数控加工技术

【目的与要求】

1. 了解数控机床的定义、组成和加工特点。
2. 了解数控加工的一般过程与方法，初步建立现代制造技术的思想。
3. 熟悉数控机床的手工编程方法，能独立设计数控创新零件图样，并编制数控加工程序。
4. 熟悉数控车床和数控铣床的操作面板，掌握数控车床和数控铣床的基本操作方法、程序检验方法。
5. 熟悉数控安全操作技术规程。
6. 激发创新精神与创新思维，程序设计中融入创新思维，开展个性化零件设计与加工实践，培育初步创新能力。

6.1　数控机床概述

数控技术简称数控（Numerical Control，NC），是采用数字化信息对机床运动及加工过程进行自动控制的方法，使用数控技术控制的机床称为数控机床。

6.1.1　数控机床的组成

数控机床主要由输入/输出装置、数控装置、伺服系统、PLC 装置、测量反馈装置和机床本体六大部分组成。

1. 输入/输出装置

输入/输出装置在数控机床中起人机交互的作用，包括数控程序的编译与存储以及机床运行状态的显示。其主要组成有控制面板、键盘、鼠标和显示器等，还包括用于网络通信接口、读卡器和 USB 接口等。

2. 数控装置

数控装置是数控机床的核心，它接收输入装置发出的电脉冲信号，根据输入的程序和数据，经过数控装置的系统软件或逻辑电路进行编译、运算和逻辑处理后，输出各种信号和指令，来控制数控机床的执行机构的动作。其主要组成有计算机系统、位置控制板、PLC 接口板、通信接口板、特殊功能模块和控制软件等。

3. 伺服系统

伺服系统是数控机床的执行机构，由伺服驱动电路和伺服驱动装置组成，并与设备的执行部件和机械传动部件组成数控设备的进给系统。它根据数控装置发来的速度和位移指令，控制执行部件的进给速度、方向和位移。

4. PLC 装置

PLC 装置用于完成和逻辑运算有关的顺序动作的输入/输出控制，常用于接收数控装置的 M、S 和 T 指令，也用于接收控制面板和机床侧的输入/输出信号，返回给数控装置。常用的 PLC 装置包括气动与液压装置、排屑装置、冷却与润滑装置、回转工作台、数控分度头、防护装置和照明装置等。

5. 测量反馈装置

测量反馈装置可以包括在伺服系统中，它由检测元件和相应的电路组成，其作用是检测速度和位移，并将信息反馈回来，构成闭环控制。常用的测量元件有脉冲编码器、旋转变压器、感应同步器、磁尺、光栅和激光干涉仪等。

6. 机床本体

机床本体是数控机床的主体，是实现制造加工的基础部件。其主要组成有主运动部件（主轴）、进给运动部件（工作台、托板及相应的传动机构）、导向件（导轨）、支承件（立柱和床身）、特殊装置（自动换刀系统和工件交换系统）和辅助装置（如排屑系统等）等。

6.1.2　数控加工过程

利用数控机床完成零件数控加工的过程如下：

1）根据零件加工图样进行工艺分析，确定加工方案、工艺参数和位移数据。

2）用规定的程序代码和格式编写零件加工程序单，或用自动编程软件进行 CAD/CAM 工作，直接生成零件的加工程序文件。

3）由手工编写的程序可以通过数控机床的操作面板直接输入程序，由编程软件生成的程序，通过计算机的串行通信接口直接传输给数控机床的数控单元（MCU）。

4）将加工程序输入到数控单元进行试运行、刀具路径模拟等。

5）通过对机床的正确操作来运行程序，完成零件的加工。

6.1.3　数控机床的特点

1）高柔性、适应性强。在数控机床上更换加工零件时，只需更改程序、更换刀具和处理工件装夹问题就能实现对新零件的加工。因此数控机床适用于结构复杂单件的加工、中小批量生产和新产品的试制。

2）精度高、产品质量稳定。数控机床自身的精度较普通机床高，还可以利用软件进行精度校正和补偿。数控机床由数控程序控制加工，可以避免人为的误差，不仅提高了同批次加工零件尺寸的统一性，而且能使产品质量得到保证。

3）自动化程度高、生产效率高。数控机床的工序、刀具可自行更换与检测，大大缩短了加工时间和辅助时间。一次装夹可以完成多工序加工，提高了生产效率。

4）减轻劳动强度，改善劳动环境。由于数控机床加工零件时，操作者只需操作面板、装卸工件、中间测量及观察机床运行，机床的加工由程序自动控制完成，不需要进行繁重的重复性手工操作，因此大为改善了劳动环境，减轻了劳动强度。

5）有利于现代化生产与管理。数控机床使用数字信息控制，易于与 CAD 系统连接，从而形成 CAD/CAM 一体化系统，它是 FMS、CIMS 等现代制造技术的基础。

6.2　数控加工程序编制

根据被加工零件的图样和技术要求、工艺要求等切削加工的必要信息，按数控系统所规定的指令和格式编制加工程序文件，这个过程被称为零件数控加工程序编制，简称数控编程。

6.2.1　数控加工编程方法

数控加工编程方法可以分为手工编程和自动编程。

1. 手工编程

手工编程时，整个程序的编制过程都是由人工完成的。这就要求编程人员不仅要熟悉数控代码及编程规则，而且必须具备机械加工工艺知识和数值计算能力。对于点位加工和几何形状简单的零件加工来说，其程序段一般较少，计算简单，用手工编程即可完成。

2. 自动编程

自动编程是利用计算机专用软件编制数控加工程序的过程。编程人员只需根据零件图样的要求，使用数控语言，由计算机自动地进行数值计算及后置处理，编写出零件加工程序单，加工程序通过直接通信的方式送入数控机床，指挥机床工作。但当零件轮廓形状不只是由直线和圆弧组成时，特别是有些包含复杂型面或空间曲面的零件，则必须采用自动编程。

常见的自动编程软件有 Mastercam、CAXA 制造工程师、NX 系统、Creo、CATIA 和 CIMATRON 等。

6.2.2　数控机床的坐标系

为了保证数控机床的运行、操作及程序编制的一致性，在国标 GB/T 19660—2005 中统一规定了数控机床坐标和运动方向。标准中规定不考虑数控机床具体的运动形式，一律假定工件相对固定，刀具运动。机床坐标系采用右手直角笛卡儿坐标系，拇指为 X 轴，食指为 Y 轴，中指为 Z 轴，手指指向为相应坐标轴正向。首先确定 Z 轴，Z 轴为平行于机床主轴的坐标轴，刀具远离工件的方向为 Z 轴的正方向；然后确定 X 轴，X 轴为水平的、平行于工件装夹表面的轴，它平行于主要的切削方向，且以此为正向；再根据右手直角笛卡儿坐标系，确定 Y 轴的运动方向。围绕 X、Y、Z 各坐标轴的回转坐标轴分别为 A、B、C，按照右手螺旋定则，拇指指向任意轴的正向，其余四指的弯曲方向为该回转坐标轴的正向。右手直角笛卡儿坐标系如图 6-1 所示。

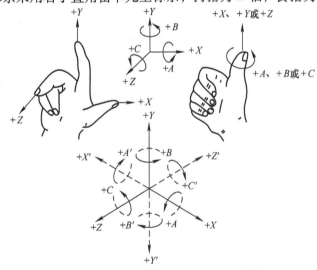

图 6-1　右手直角笛卡儿坐标系

1. 机床坐标系和机床原点

机床坐标系是以机床原点为坐标零点的坐标系，是数控机床加工的基础坐标系。机床原点是机床上的一个固定位置，由机床制造厂商确定，一般不允许用户改变。机床原点通常设在机床主轴端面中心点或主轴中心线与工作台的交点上。

2. 工件坐标系和工件坐标原点

工件坐标系是编程时使用的坐标系，工件坐标系的零点称为工件坐标原点，工件坐标原点是编程时编程人员根据图样和加工实际确定的。

3. 机床参考点

机床参考点是对机床运动进行检测和控制的固定位置，通过行程开关粗定位，由零位脉冲精确定位。数控机床开机后，需要做回参考点（回零）操作（带有绝对位置测量传感器的机床除外），使刀具或工作台回到机床参考点。当返回参考点操作完成后，机床坐标系方可建立，数控系统中的机床坐标才可以使用。

图 6-2 所示为卧式数控车床坐标系，图 6-3 所示为立式数控铣床坐标系。

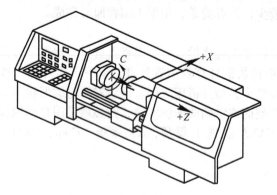
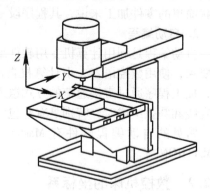

图 6-2 卧式数控车床坐标系   图 6-3 立式数控铣床坐标系

6.2.3 程序编制的内容和步骤

程序编制是数控加工的一项重要工作，理想的加工程序不仅应该保证加工出符合图样要求的合格工件，同时应该能使数控机床的功能得到合理的应用与充分的发挥，以使数控机床安全可靠及高效地工作。程序编制的内容和步骤如图 6-4 所示。

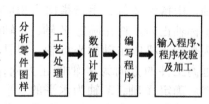

图 6-4 程序编制的内容和步骤

1. 分析零件图样

首先要分析零件图样，根据零件的材料、形状、尺寸、精度、毛坯形状和热处理要求等确定加工方案，选择合适的数控机床。

2. 工艺处理

工艺处理需要考虑和涉及的问题很多，先要确定加工方案，要按照能充分发挥数控机床功能的原则，选用合适的数控机床，确定合理的加工方法，包括刀具、夹具、切削参数、工件坐标原点和进给路线等。

3. 数值计算

对于加工由直线和圆弧组成的较简单的平面零件，需要计算出零件轮廓的相邻几何元素的交点或切点的坐标值，这个点称为基点，即计算基点坐标；对于比较复杂的零件，其数值计算更为复杂，一般需要计算机辅助计算。

4. 编写程序

在完成工艺处理和数值计算工作后，就可以编写零件加工程序了，编程人员根据所使用的数控系统指令、程序段格式，逐段编写零件加工程序。

5. 输入程序、程序校验及加工

把编写完的程序输入数控机床，程序校验正确后才可以用于实际加工。也可以在计算机上完成程序校验，再输入数控机床，进行实际加工。

6.2.4 程序结构

一个完整的零件加工程序由程序号和若干程序段组成，每个程序段又由若干个代码组成，每个代码字则由文字（地址符）和数字组成。字母、数字和符号统称为字符。程序以程序号开始，以 M02 或 M30 结束。如下所示：

%0001；	程序号
N10 T0101；	程序段
N20 M03 S700；	程序段
N30 G00 X50 Z50；	程序段
N40 G94 X－1.0 Z0.0 F0.3；	程序段
N50 G00 X100；	程序段
N60 Z100；	程序段
N70 M30；	程序段

1. 程序号

程序号是程序的标识，以区别其他程序。程序号由字符及 0001~9999 范围内的任意整数组成。

不同的数控系统的程序号字符是不同的，如 SIEMENS 系统用符号"%"，FANUC 系统和华中系统用拉丁大写字母"O"等。编程时应按照数控机床说明书的规定书写，否则数控系统将报错。

2. 程序段格式

数控程序有若干个"程序段"，每个程序段由按照一定顺序和规定排列的"字"组成。字是由表示地址的拉丁大写字母、特殊文字和数字集合而成的，是表示某一功能的一组代码符号。如 X100 为一个字，表示 X 向尺寸为 100mm；F150 为一个字，表示进给速度的数值为 150mm/min（具体值由规定的代码方法决定）。每一个程序段由程序号字、准备功能字、尺寸字、进给功能字、主轴功能字、刀具功能字、辅助功能字和程序段结束符组成。

3. 数控编程常用的功能字

（1）准备功能字 准备功能字 G 指令用来规定刀具和工件的相对运动轨迹、机床坐标系、坐标平面、刀具补偿和坐标偏置等多种加工操作。常用准备功能字 G 指令见表 6-1。

表 6-1 常用准备功能字 G 指令

代 码	功能说明	代 码	功能说明
G00	快速进给、定位	G21	米制输入
G01	直线插补	G40	刀具补偿取消
G02	圆弧插补（顺时针）	G41	刀具补偿－左
G03	圆弧插补（逆时针）	G42	刀具补偿－右
G04	暂停	G43	刀具长度补偿
G17	选择 XY 平面	G49	取消刀具长度补偿
G18	选择 YZ 平面	G54~G59	坐标系选择
G19	选择 ZX 平面	G90	绝对尺寸
G20	英制输入	G91	增量尺寸

（2）坐标功能字　坐标功能字（又称尺寸字）用来设定机床各坐标的位移量。它一般以 X、Y、Z、U、V、W、P、Q、R、A、B 和 C 等地址符为首，在地址符后紧跟 "+"（正）或 "－"（负）及一串数字，该数字一般以系统脉冲当量（数控装置每发出一个脉冲信号，机床工作台的移动量）为单位。

（3）进给功能字　该功能字用于指定进给速度，由地址符 F 及其后的数字组成，单位一般为 mm/min。

（4）主轴功能字　该功能字用来指定主轴速度，由地址符 S 及其后的数字组成，单位为 r/min。

（5）刀具功能字　当系统具有换刀功能时，刀具功能字用于选择替换的刀具，由地址符 T 及其后的两位数字组成，代表刀具的编号。

（6）辅助功能字　辅助功能字 M 指令用来指令数控机床辅助装置的接通和断开，如主轴的正、反转，切削液开、关和程序结束等。常用辅助功能字 M 指令见表 6-2。

表 6-2　常用辅助功能字 M 指令

代码	功能说明	代码	功能说明
M02	程序停止	M08	1 号切削液开
M03	主轴顺时针方向	M09	切削液关
M04	主轴逆时针方向	M30	程序结束并返回程序头
M05	主轴停止	M98	调用子程序
M06	换刀	M99	子程序结束

6.3　数控铣床训练

6.3.1　数控铣床

采用数控技术控制的铣床称为数控铣床，数控铣床是数控加工中最常用、最重要的加工设备之一。

1. 数控铣床的加工范围

数控铣床可以对工件进行铣、钻、扩、铰、锪、镗及攻螺纹等加工，适用于加工各种黑色金属、有色金属及非金属的多品种小批量平面轮廓零件、空间曲面零件、孔及螺纹等。

2. 数控铣床训练设备

（1）XK6325B 数控铣床型号含义　XK：数控铣床，6：组别代号，卧式组，3：万能摇臂系列，25：工作台宽度的 1/10（单位为 mm），B：经过两次重大改进。

（2）XK6325B 数控铣床的结构　XK6325B 数控铣床如图 6-5 所示，主要由主轴、升降台、工作台、床身、控制面板、电气柜、主轴变速系统、X 向进给系统、Y 向进给系统和 Z 向进给系统等部分组成。其数控系统采用的是华中世纪星系统。

6.3.2　数控铣床编程代码

数控铣床主要使用的编程代码有 G00 快速定位、G01 直线插补、G02 顺时针圆弧插补和 G03 逆时针圆弧插补等。

（1）G00 快速定位　用于加工前快速定位和加工后快速退刀。

格式：G00 X_ Y_ Z_ ;

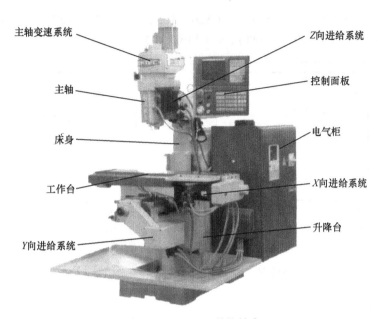

图 6-5　XK6325B 数控铣床

　　X、Y、Z：终点坐标值。

（2）G01 直线插补　用于加工中的直线插补，速度由 F 控制。

　　格式：G01 X_　Y_　Z_　F_ ；

　　　　　X、Y、Z：终点坐标值，F：进给速度。

（3）G02 顺时针圆弧插补、G03 逆时针圆弧插补　用于加工中的圆弧插补，速度由 F 控制。

　　格式：G02/G03 X_　Y_　R_　F_ ；

　　　　　G02/G03 X_　Y_　I_　J_　F_ ；

　　　　　X、Y：终点坐标值，R：圆弧半径，F：进给速度，I：圆心相对于圆弧起点在 X 向的增量，J：圆心相对于圆弧起点在 Y 向的增量。

> 注意：R 多用于简单圆弧及模糊圆弧，不可用于整圆，圆弧大于180°时，R 为负数；I、J 可用于任何圆弧，但在手工编程时多用于整圆。

6.3.3　数控铣床编程示例

　　铣削加工零件图如图 6-6 所示，铝合金工件的毛坯尺寸为 $100mm \times 80mm$，铣削深度为 $0.1mm$，编制数控铣床程序的步骤如下：

1. 分析零件图样

根据零件图样确定加工方案，需要铣削加工两段轮廓，选择 XK6325B 数控铣床完成加工。

2. 工艺处理

刀具选择直径为 $\phi10mm$ 的键槽铣刀；夹具选择机用虎钳；工件坐标原点选择工件上表面中心点；确定两条进给路线（图 6-7），进给路线 1：1—2—3—4—5—6—7—8—1，进给路线 2：9—9。

3. 数值计算

根据工艺处理中工件坐标原点位置，计算如图 6-7 中的各点坐标：1（$X-35$，$Y-20$）、

2（$X-35$，$Y15$）、3（$X-15$，$Y35$）、4（$X20$，$Y35$）、5（$X35$，$Y20$）、6（$X35$，$Y-15$）、7（$X15$，$Y-35$）、8（$X-20$，$Y-35$）、9（$X16$，$Y0$）。

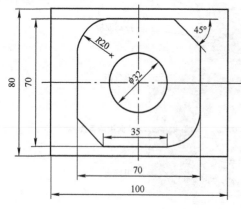

图 6-6　铣削加工零件图

进给路线1：1—2—3—4—5—6—7—8—1
进给路线2：9—9

图 6-7　进给路线和坐标点

4. 编写程序

使用华中数控系统编写程序，可以把实例程序分为程序号、程序头、进给路线 1、中间提刀、进给路线 2 和程序尾 6 个部分，数控铣床程序见表 6-3。

表 6-3　数控铣床程序

结构	基点	X、Y 坐标	程序	注解
程序号			%1000	程序号
程序头			G54 G00 X0 Y0 Z20	选择 G54 坐标系，快速定位到工件坐标原点上方
			M03 S1000 F100	主轴正转，转速为 1000r/min，进给速度为 100mm/min
	1	$X-35$ $Y-20$	G00 X-35 Y-20	定位到 1 点
			G01 Z-0.1	下刀
进给路线 1	2	$X-35$ $Y15$	G01 X-35 Y15	直线插补到 2 点（从 1 点铣削到 2 点）
	3	$X-15$ $Y35$	G02 X-15 Y35 R20	顺时针圆弧插补到 3 点（从 2 点铣削到 3 点）
	4	$X20$ $Y35$	G01 X20 Y35	直线插补到 4 点（从 3 点铣削到 4 点）
	5	$X35$ $Y20$	G01 X35 Y20	直线插补到 5 点（从 4 点铣削到 5 点）
	6	$X35$ $Y-15$	G01 X35 Y-15	直线插补到 6 点（从 5 点铣削到 6 点）
	7	$X15$ $Y-35$	G02 X15 Y-35 R20	顺时针圆弧插补到 7 点（从 6 点铣削到 7 点）
	8	$X-20$ $Y-35$	G01 X-20 Y-35	直线插补到 8 点（从 7 点铣削到 8 点）
	1	$X-35$ $Y-20$	G01 X-35 Y-20	直线插补到 1 点（从 8 点铣削到 1 点）
中间提刀			G00 Z5	提刀到安全距离
			G00 X16 Y0	定位到 9 点
			G01 Z-0.1	下刀
进给路线 2	9	$X16$ $Y0$	G03 X16 Y0 I-16 J0	逆时针圆弧插补（铣削整圆）
程序尾			G00 Z20	提刀
			G00 X0 Y0	
			M05	主轴停止
			M30	程序结束并返回到程序首

注意：在编制新程序时，为了简化编程过程，表6-3中加粗的内容可以在编程时固定不变直接使用，未加粗的程序段可以根据新程序进给路线和坐标点调整，若进给路线超过两段，可以在每个进给路线后加中间提刀，再接下一段进给路线。

6.3.4　数控铣床面板操作

1. 数控铣床的控制面板概述

控制面板用于控制数控铣床的动作或加工过程，由显示器、MDI键盘、功能键、机床控制键和急停按钮组成，华中世纪星数控铣床控制面板如图6-8所示。

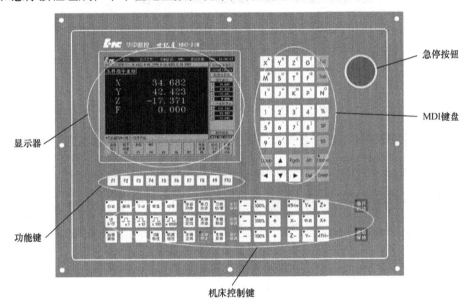

图 6-8　华中世纪星数控铣床控制面板

2. MPG 手持单元

MPG手持单元也可称为手轮，由手摇脉冲发生器、坐标轴选择开关组成，用于手摇方式的步进微调。MPG手持单元结构如图 6-9所示。

3. 显示器

华中世纪星的显示器如图6-10所示，其界面由如下几部分组成：

1）运行状态。包括加工方式、系统运行状态及当前时间。控制面板上的机床控制键如图6-11所示，加工方式可在"自动""单段""手动""增量"和"回参考点"等之间切换，系统运行状态在"运行正常"和"出错"间切换。

图 6-9　MPG 手持单元结构

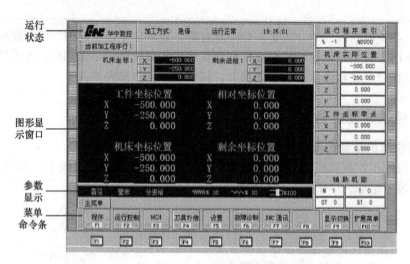

图6-10　显示器

62

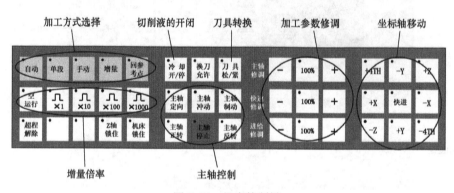

图6-11　机床控制键

2）机床坐标和剩余进给。机床坐标是刀具当前位置在机床坐标系下的坐标。剩余进给是当前程序段的终点与实际位置之差。

3）图形显示窗口。按"显示切换"键"F9"，可以改变图形显示窗口，还可以显示坐标、程序和刀具路线。

4）参数显示。包括直径/半径编程、米制/英制编程、每分进给/每转进给、快速修调、进给修调和主轴修调。

5）菜单命令条。通过菜单命令条下方对应的功能键"F1"～"F10"可完成系统功能的操作。由于每个功能包括不同的操作，菜单采用层次结构，即在主菜单下选择一个菜单项后，数控装置会显示该功能下的子菜单，用户可根据该子菜单的内容选择所需的操作，菜单层次如图6-12所示。当要返回主菜单时，按子菜单下的"F10"键即可。

6）运行程序索引。显示自动加工中的程序名和当前程序段行号。

7）机床实际位置。用于选定坐标系下的坐标值，坐标系可在机床坐标系、工件坐标系和相对坐标系之间切换。显示值可在指令位置、实际位置、剩余进给、跟踪误差、负载电流和补偿值之间切换。

8）工件坐标零点。工件坐标零点下显示的坐标值是运行G54～G59工件坐标系指令后，其工件坐标系中存储的坐标值，该坐标值可以通过数控铣床对刀操作设置。

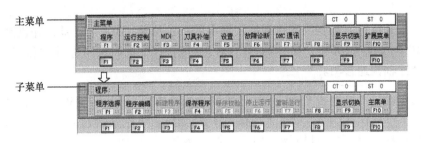

图 6-12　菜单层次

9）辅助机能。即自动加工中的 M、S 和 T 代码。

4. 机床控制键

使用机床控制键可完成数控铣床的各种控制操作，包括加工方式选择、切削液的开闭、刀具转换、主轴控制、加工参数修调和坐标轴移动等，如图 6-11 所示。

5. MDI 键盘

输入程序时可使用 MDI 键盘，如图 6-13 所示，包括程序段中输入的字母键、数字键和字符键，编辑和选择程序时使用的删除键、光标键和确定键等，当需要使用按键右上角的字符或字母时，先选择上档键。

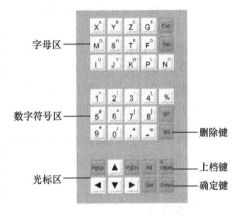

图 6-13　MDI 键盘

6.3.5　数控铣床操作训练流程

数控铣床操作训练中使用的设备为 XK6325B 数控铣床，操作项目有开机、坐标轴移动、回参考点、程序选择、新建程序、程序校验与修改和关机等。

1. 开机

1）机床总电源上电，将蓝色电气柜侧面的机床总电源旋转到"ON"的位置。

2）数控系统上电，按下控制面板侧面绿色的数控系统上电按钮，等待显示器开启，如图 6-10 所示，显示器最上方运行状态显示"加工方式：急停"及"运行正常"后进行下一步。

3）伺服系统上电，按箭头指示方向旋开"急停"按钮，如图 6-8 所示，按机床控制键中的"超程解除"键，此时显示器最上方的运行状态由"加工方式：急停"变为"加工方式：复位"。

> 注意：复位状态下不能进行任何操作，直到运行状态显示"加工方式：手动"后，数控机床开机完成。

2. 坐标轴移动

（1）手动操作　手动操作可以实现 X、Y、Z 轴的快速移动，但无法精确控制坐标位置，适合精度要求不高的坐标轴移动。具体操作方法如下：按机床控制键中的"手动"键，此时显示器最上方运行状态显示"加工方式：手动"，分别按机床控制键中的"－X""＋X""－Y""＋Y""－Z"和"＋Z"键（坐标轴键），各坐标轴可向其相应方向连续移动，如果同时按其中任意两坐标轴键，可实现两轴联动。

注意：①开机后，需要按下机床控制键中的进给修调"100%"键，开机默认进给修调可以从 10% 修调到 100%，坐标轴移动速度会加快；②同时按坐标轴键和"快进"键，也可实现坐标轴快速移动。

（2）步进操作　步进操作用于点动微调坐标，按一下坐标轴键（机床控制键中的"-X""+X""-Y""+Y""-Z"和"+Z"键），无论按键时间长短，步进移动的距离为一个相应倍率的长度。具体操作如下：按机床控制键中的"增量"键，此时显示器最上方运行状态显示"加工方式：步进"，步进一次的距离由机床控制键中的"×1""×10""×100"和"×1000"键控制。

（3）手摇操作　手摇操作既可以快速移动坐标轴，又可以对其进行精确控制，对刀操作时需选择手摇操作。具体手摇操作方法如下：按机床控制键中的"增量"键，当手轮上方左侧的坐标轴选择从"OFF"旋到"X""Y""Z"中的任意位置时，显示器最上方运行状态显示从"加工方式：步进"变为"加工方式：手摇"，可以对其坐标轴进行手摇操作，手摇的速度由手轮上方右侧倍率旋钮控制，有"×1""×10"和"×100"3 档，手摇方向由下方的手摇旋钮控制，顺时针旋转为正向，逆时针旋转为负向。

注意：坐标轴移动时应避免超程和碰撞，且应在安全行程范围内操作，Z 轴行程很少，必须小心慢速移动 Z 轴。当接近超程位置会先有"出错"提醒，必须立刻停止错误操作；当到达超程位置时，机床会自动"急停"，进行断电保护。

3. 回参考点

数控铣床开机后，在校验程序前，必须先对机床进行回参考点操作，以建立机床坐标系，具体操作方法如下：

1）检查当前机床实际位置，如图 6-10 中的"机床实际位置"所示，要求 Z 轴坐标值小于 -5，X 轴和 Y 轴坐标值小于 -10，如不满足要求，应移动坐标轴，使其满足要求。

2）按机床控制键中的"回零"键，此时显示器最上方运行状态显示"回零"。

3）回参考点过程中应避免发生碰撞，可先按一下机床控制键中的"+Z"键，再按一下"+X""+Y"键，机床自动移动到参考点位置，当"+X""+Y"和"+Z"按钮内的指示灯亮起，并且机床实际位置中 X、Y 和 Z 坐标值都为 0 时，所有坐标轴回到参考点位置。

注意：回参考点后如长时间不进行加工，为防止工作台重心偏移，使用坐标轴移动（将 X、Y 坐标轴向负方向移动），使刀具与工作台中心或机用虎钳钳口位置对应。

4. 程序选择

数控机床中已经存储的程序可以直接调用，具体操作方法如下：如图 6-12 所示，首先，按主菜单中的"程序"键"F1"，进入程序子菜单。接着，在程序子菜单下，按"程序选择"键"F1"。然后，按 MDI 键盘中的光标移动键"▲""▼"选择所需程序。最后，按"Enter"键进入所选择的程序。

5. 新建程序

可以通过新建程序操作将新程序存储到数控机床中，具体操作方法如下：如图 6-12 所示，首先，按主菜单中的"程序"键"F1"，进入程序子菜单。接着，在程序子菜单下，按"程序编辑"键"F2"。然后，按"新建程序"键"F3"。再输入新建文件名，文件名要求以字母"O"开头，后面加字母或数字，输入文件名后，按 MDI 键盘中的"Enter"键。最后，输入要存储的程序，程序输入完成后按"保存程序"键"F4"，再按"Enter"键确认保存，新建程序完成。

> 注意：文件名的开头必须为字母"O"，字母"O"后可加多位数字及字母，例如Oj0301。程序名开头必须为"%"，后面只能加小于或等于4位的数字，且数字不能全为0，例如%0112。

6. 程序校验

数控机床系统中可以对已经保存的程序或新建的程序进行检验，为保证程序校验安全，先锁住机床，按机床控制键中的"手动"键，再按"机床锁住"键。程序校验步骤如下：

1）按机床控制键中的"自动"或"单段"键，此时显示器最上方运行状态显示"加工方式：自动"或者"加工方式：单段"。

2）按"显示切换"键"F9"，使显示器主屏显示为刀具路线界面，便于检查进给路线。

3）按"程序校验"键"F5"。

4）按机床控制键中绿色的"循环启动"键。

> 注意：校验后，如程序错误未出校验图形，可根据错误信息提示，找出错误并修改；如检验出校验图形，应将显示的校验图形与图样、进给路线进行比较，以确保正确；按"停止运行"键"F6"，再按"编辑程序"键"F2"即可对红色的程序段进行修改；多次按"显示切换"键"F9"，直到显示器出现"请按1、2、3、4键变换视图，+、-键缩放图形"后，可对图形进行切换、放大和缩小操作。缩放图形变化较大，操作时应单动操作"+""-"键。

7. 关机

1）关机前应把坐标轴移动到合适位置，避免机床重心偏移。

2）伺服系统断电：按下"急停"按钮。

3）数控系统断电：按下控制面板侧面红色的数控系统断电按钮。

4）机床总电源断电：将机床总电源旋转到"OFF"的位置。

6.4 数控车床训练

数控车床为采用数控技术控制的车床，数控车床也是数控加工中最常用、最重要的加工设备之一。

6.4.1 数控车床

1. 数控车床的加工范围

数控车床主要用于对各种形状不同的轴类或盘类回转表面进行车削加工。在数控车床上可以进行钻中心孔、车内外圆、车端面、钻孔、镗孔、铰孔、切槽、车螺纹、滚花、车锥面、车成形面、攻螺纹以及高精度的曲面及端面螺纹等的加工。

2. 数控车床的组成

（1）机械部分 机械部分是整个机床的基础，主要由床身、主轴箱、进给系统、刀架、尾座、卡盘、安全防护和托架等组成。

（2）电气系统 数控车床的电气系统由计算机数控（CNC）设备、可编程控制器

（PLC）、进给驱动装置、主轴驱动装置和外围执行机构控制元件等部分组成。

（3）液压部分　一台完整的数控车床中，液压部分是必不可少的，主要用来完成主轴变速、换刀及夹紧或松开工件等，液压系统由动力元件、执行元件、控制元件和辅助元件组成。

当然，数控车床除了上述 3 部分外，还有为保证正常加工的冷却系统，为保证机床正常运转的润滑系统以及排屑系统等。

3. 数控车床训练设备

（1）型号及其含义　CAK6136数控车床型号含义如下。

C：车床类；A：经过一次重大改进；K：数控；6：组代号，落地及卧式车床组；1：系别代号，卧式车床；36：床身上工件最大回转直径的 1/10（单位为 mm）。

（2）数控车床的构成和主要部件　CAK6136 的外形图如图 6-14 所示，主要由床身、主轴箱、刀架、液压系统、冷却系统和润滑系

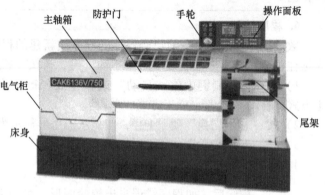

图 6-14　CAK6136 数控车床外形

统等部分组成。该数控车床采用华中世纪星 HNC-21T 系统，主轴电动机采用伺服电动机，配置四工位电动刀架、液压卡盘和液压尾架等。

6.4.2　数控车床编程代码

数控车削训练时，主要使用的编程代码有 G00 快速定位、G01 直线插补、G02 顺时针圆弧插补、G03 逆时针圆弧插补和 G71 车削循环等。

（1）G00 快速定位　用于加工前快速定位和加工后快速退刀。

格式：G00 X_ Z_

X、Z：终点坐标值。

（2）G01 直线插补　用于加工中的直线插补，速度由 F 控制。

格式：G01 X_ Z_ F_

X、Z：终点坐标值，F：进给速度。

（3）G02 顺时针圆弧插补、G03 逆时针圆弧插补　用于加工中的圆弧插补，速度由 F 控制。

格式：G02/G03 X_ Z_ R_ F_

X、Z：终点坐标值；R：圆弧半径；F：进给速度。

（4）G71 车削循环　将工件切削至精加工之前的尺寸，精加工前的形状及粗加工的刀具路径由系统根据精加工尺寸自动设定。

格式：G71 U_ R_ P_ Q_

U：每次吃刀深度（半径值）；R：每次切削循环退刀量；P：加工循环的起始程序段号；Q：加工循环的结束程序段号。

6.4.3　数控车床编程示例

车削加工零件图如图 6-15 所示，参照图 6-16 进给路线和坐标点编制数控车床程序，程

序内容见表6-4。

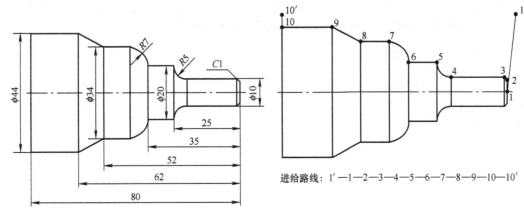

图6-15 车削加工零件图   图6-16 进给路线和坐标点图

表6-4 数控车床程序

结构	基点	X、Z坐标	程序	注解
程序号			%1234	程序号
程序头			T0101 M06	选择01号刀位，01刀补位的数据并换刀
			M03 S800 F100	主轴正转，转速800r/min，进给速度100mm/min
	1′	X47 Z1	G00 X47 Z1	快速定位到工件外侧切入点
进给路线			G71 U1 R1 P1 Q2	调用循环并给出参数
	1	X0 Z0	N1 G01 X0 Z0	插补到1点（从1′点车削到1点）
	2	X8 Z0	G01 X8 Z0	直线插补到2点（从1点车削到2点）
	3	X10 Z-1	G01 X10 Z-1	直线插补到3点（从2点车削到3点）
	4	X10 Z-20	G01 X10 Z-20	直线插补到4点（从3点车削到4点）
	5	X20 Z-25	G02 X20 Z-25 R5	顺时针圆弧插补到5点（从4点车削到5点）
	6	X20 Z-35	G01 X20 Z-35	直线插补到6点（从5点车削到6点）
	7	X34 Z-42	G03 X34 Z-42 R7	逆时针圆弧插补到7点（从6点车削到7点）
	8	X34 Z-52	G01 X34 Z-52	直线插补到8点（从7点车削到8点）
	9	X44 Z-62	G01 X44 Z-62	直线插补到9点（从8点车削到9点）
	10	X44 Z-80	G01 X44 Z-80	直线插补到10点（从9点车削到10点）
	10′	X47 Z-80	N2 G01 X47 Z-80	直线插补到10′点（从10点车削到10′点）
程序尾			G00 X100 Z100	快速定位到工件外侧较远点
			M05	主轴停止
			M30	程序结束并返回到程序首

6.5 加工中心简介

6.5.1 加工中心

一般把带刀库和刀具自动交换装置（ATC）的数控镗铣床称为加工中心。

加工中心是目前世界上产量最高、应用最广泛的数控机床之一。它的综合加工能力较强，加工精度较高，工件一次装夹后能完成较多的加工内容，对中等加工难度的批量工件，其效率是普通设备的 5～10 倍，特别是它能完成许多普通设备不能完成的加工，对形状较复杂、精度要求较高的单件加工或中小批量多品种加工更为适用。

6.5.2 加工中心的主要功能

加工中心是一种功能比较齐全的数控机床，具有多种工艺手段，加工中心的刀库存放着不同数量的各种刀具或检具，在加工过程中由程序控制自动选用和更换。这是它与数控铣床和数控镗床的主要区别。

与同类数控机床相比，加工中心结构简单、控制系统功能较多，加工中心最少有 3 个运动坐标轴，多的可达十几个，其最少可实现三轴联动控制，多的可实现五轴或六轴联动，使刀具进行更复杂的运动。加工中心还具有直线插补、圆弧插补功能，有些还具有螺旋线插补和 NURBS 曲线插补功能。

加工中心还具有不同的辅助功能，如加工固定循环、中心冷却、自动对刀、刀具破损检测报警、刀具寿命管理、过载或超行程自动保护、丝杠螺距误差补偿、丝杠间隙补偿、故障自动诊断、工件与加工图形显示、人机对话、工件在线检测、加工自动补偿和离线编程等，这对于提高机床的加工效率、保证产品的加工精度和质量都是普通加工设备无法相比的。

6.5.3 加工中心的加工范围

加工中心适用于结构复杂、工序多、精度要求较高、需用多种类型普通机床和多种刀具、工装及需经过多次装夹和调试才能完成加工的零件。其主要加工对象有复杂曲面、异形件和盘、套、板和箱体类零件。

6.6 数控安全操作技术规程

1）进行数控加工训练前，要满足安全着装要求，长头发的应将头发束好并塞进帽子里。

2）上课时，不允许在训练室内随意走动、倚靠机床、追逐打闹、玩手机或佩戴耳机。

3）应听从指导教师的安排，征得同意后方可操作机床。禁止操作未讲解的按键和旋钮，禁止打开电气柜。

4）禁止多人同时操作一台机床，以免发生人身伤害事故。分组操作时，不允许随意操作其他组的机床。

5）移动机床坐标轴时，需注意刀具的位置，避免超程或发生碰撞。

6）在执行程序校验操作时，需要将机床锁住，由于错误操作容易将校验变成程序加工，存在安全隐患，如果发生这种情况，应迅速按下急停按钮。

7）操作机床面板时，对按键及开关的操作不能太用力，应爱惜训练设备，同时保持面板清洁干净。

8）装夹工件时，应清理装夹面，用扳手夹紧工件，夹紧后应及时取下扳手。

9）装换刀具时，应按下急停按钮，将刀架移至安全位置，再转换刀具，不要与周围物体发生干涉，换刀完毕后及时取下扳手。

10）对刀和加工过程中要佩戴护目镜，禁止用嘴吹屑。

11）加工过程中不能离开机床，若出现危险情况或意外事故，应立即按下急停按钮，使机床瞬间停止。

12）保持机床设备及周边环境整洁，定期清洁并保养机床。

知识拓展

我们的征途——中国探月工程（一）

复习思考题

1. 数控机床由哪几部分组成？
2. 数控机床的特点有哪些？
3. 数控机床的坐标系是怎样规定的？
4. 数控编程的步骤有哪些？
5. 数控铣床使用的是什么控制系统？控制面板由哪几部分组成？
6. 试解释下列符号的含义：

（1）G00　（2）G01　（3）G03　（4）M04　（5）M05　（6）M30　（7）F120

7. 简述数控车削训练使用设备的型号及组成。
8. 简述数控铣削训练使用设备的型号及组成。
9. 在数控加工训练中遇到了什么难点？有哪些收获？

第7章　特种加工

【目的与要求】

1. 了解特种加工的产生、特点、分类及应用。
2. 了解电火花加工的基本原理、应用、特点及分类。熟悉电火花线切割加工的基本原理、加工特点及应用。
3. 了解激光加工的基本原理、特点及应用。
4. 了解超声加工的基本原理、设备组成、特点及应用。
5. 了解快速成形技术的原理和应用。
6. 熟悉数控高速电火花线切割机床的操作，并能加工出符合要求的零件。
7. 培养创新实践能力，结合电火花线切割加工设计个性化零件，探索跨工艺融合的可能性。

7.1　概述

7.1.1　特种加工的产生与特点

特种加工是指传统的切削加工以外的新的加工方法。传统的切削加工是利用刀具和工件做相对运动从毛坯（铸件、锻件或型材坯料等）上切去多余的金属，以获得尺寸精度、几何精度和表面粗糙度完全符合图样要求的机器零件，如车削、钻削、铣削、刨削和磨削等。切削加工的本质和特点为：一是刀具材料比工件更硬；二是机械能把工件上多余的材料切除。

人类社会进入20世纪50年代以来，随着生产发展和科学实验的需要，很多工业部门，尤其是国防工业部门，要求尖端科学技术产品向高精度、高速度、高温、高压、大功率和小型化等方向发展，它们所使用的材料愈来愈难加工，零件形状越来越复杂，表面精度、表面粗糙度和某些特殊要求也愈来愈高，对机械制造部门提出了下列新的要求：

1）解决各种难切削材料的加工问题。如硬质合金、钛合金、耐热钢、不锈钢、淬火钢、金刚石、宝石、石英、锗和硅等各种高硬度、高强度、高韧性和高脆性的金属及非金属的加工。

2）解决各种特殊复杂表面的加工问题。如喷气涡轮机叶片、整体涡轮、发动机机匣和锻压模、注射模的立体成型表面，各种冲模、冷拔模上特殊截面的型孔，炮管内腔线，喷油嘴、栅网、喷丝头上的小孔及窄缝等的加工。

3）解决各种超精、光整或具有特殊要求的零件的加工问题。如对表面质量和精度要求很高的航空陀螺仪以及细长轴、薄壁零件、弹性元件等低刚度零件的加工。

要解决这一系列工艺问题，仅仅依靠传统的切削加工方法就很难实现，甚至根本无法实现，人们开始探索研究新的加工方法，特种加工就是在这种前提条件下产生和发展起来的。比如，当工件材料非常硬，使用传统的切削工具根本无法完成加工的时候怎么办？于是人们开始探索能否用软的工具加工硬的材料，以及能否采用电、化学、光、声和热等能量来进行加工。到目前为止，已经找到了多种这一类的加工方法。为了区别于现有的金属切削加工，将这类新加工方法统称为特种加工。它们与切削加工的不同点是：

1）不是主要依靠机械能，而是主要用其他能量（如电、化学、光、声和热等）去除金属材料。

2）工具材料的硬度可以低于被加工材料的硬度。

3）加工过程中工具与工件之间不存在显著的机械切削力。

正因为特种加工具有上述特点，所以就总体而言，特种加工可以加工任何硬度、强度、韧性和脆性的金属或非金属材料，且专长于加工复杂、微细表面和低刚度零件。同时，有些方法还可用以进行超精加工、镜面光整加工和纳米级（原子级）加工。

7.1.2 特种加工的分类

特种加工的分类还没有明确的规定，一般按照能量来源和作用形式以及加工原理可分为表7-1所示的形式。

表7-1 常用特种加工分类表

特种加工		能量来源及作用形式	加工原理	英文缩写
电火花加工	电火花成形加工	电能、热能	熔化、汽化	EDM
	电火花线切割加工	电能、热能	熔化、汽化	WEDM
电化学加工	电解加工	电化学能	金属离子阳极溶解	ECM（ELM）
	电解磨削	电化学能、机械能	阳极溶解、磨削	EGM（ECG）
	电解研磨	电化学能、机械能	阳极溶解、研磨	ECH
	电铸	电化学能	金属离子阴极沉积	EFM
	涂镀	电化学能	金属离子阴极沉积	EPM
激光加工	激光切割、打孔	光能、热能	熔化、汽化	LBM
	激光打标记	光能、热能	熔化、汽化	LBM
	激光处理、表面改性	光能、热能	熔化、相变	LBT
电子束加工	切割、打孔、焊接	电能、热能	熔化、汽化	EBM
离子束加工	蚀刻、镀覆、注入	电能、动能	原子撞击	IBM
等离子弧加工	切割（喷镀）	电能、热能	熔化、汽化（涂覆）	PAM
超声加工	切割、打孔、雕刻	声能、机械能	磨料高频撞击	USM
化学加工	化学铣削	化学能	腐蚀	CHM
	化学抛光	化学能	腐蚀	CHP
	光刻	光能、化学能	光化学腐蚀	PCM
快速成形	液相固化法	光能、化学能	增材法加工	SL
	粉末烧结法	光能、化学能	增材法加工	SLS
	纸片叠层法	光能、化学能	增材法加工	LOM
	熔丝堆积法	电能、热能、机械能	增材法加工	FDM

在特种加工范围内还有一些属于降低表面粗糙度值或改善表面性能的工艺，前者如电解抛光和离子束抛光等，后者如电火花表面强化、镀覆、刻字，激光表面处理、改性，电子束曝光和离子束注入掺杂等。随着半导体大规模集成电路生产发展的需要，上述提到的电子束、离子束加工就是近年来提出的超精微加工，即所谓原子、分子单位的纳米加工方法。

尽管特种加工具有传统加工无法比拟的优点且应用日益广泛，但不同形式的特种加工的加工特点和应用范围也不一样，表7-2为几种常用特种加工方法的综合比较。

表 7-2　几种常用特种加工方法的综合比较

加工方法	可加工材料	最低/平均工具损耗率（%）	平均/最高材料去除率/（mm³/min）	可达到尺寸平均/最高精度/mm	可达到平均/最高表面粗糙度 Ra/μm	主要应用范围
电火花成形加工	任何导电的金属材料，如硬质合金、耐热钢、不锈钢、淬火钢和钛合金等	0.1/10	30/3000	0.03/0.003	10/0.04	从数微米的孔、槽到数米的超大型模具、工件等。如圆孔、方孔、异形孔、深孔、微孔、弯孔和螺纹孔以及冲模、锻模、压铸模、炉料、塑料模和拉丝模，还可以刻字、表面强化和涂覆加工
电火花线切割加工		较小（可补偿）	20/200	0.02/0.002	5/0.32	切割各种冲模、塑料模和粉末冶金模等二维及三维直纹面组成的模具和零件。可直接切割各种样板、磁钢和硅钢片，也常用于钼、钨、半导体材料或贵重金属的切割
电解加工		不损耗	100/10000	0.1/0.01	1.25/0.16	从细小零件到1t重的超大型工件及模具。如仪表微型小轴、齿轮上的毛刺、涡轮叶片、炮管膛线、螺旋内花键、各种异形孔、锻造模和铸造模，以及抛光、去毛刺等
电解磨削		1/50	1/100	0.02/0.001	1.25/0.04	硬质合金等难加工材料的磨削。如硬质合金刀具、量具、轧辊、小孔、深孔和细长杆磨削，以及超精光整研磨、珩磨
超声加工	任何脆性材料	0.1/10	1/50	0.03/0.005	0.63/0.16	加工、切割脆性材料。如玻璃、石英、宝石、金刚石及半导体单晶锗、硅等，可加工型孔、型腔、小孔和深孔等
激光加工	任何材料	不损耗（三种加工没有成形的工具）	瞬时去除率很高，受功率限制，平均去除率不高	0.01/0.001	10/1.25	精密加工小孔、窄缝及成形切割、刻蚀，如金刚石拉丝模、钟表宝石轴承、化纤喷丝孔、不锈钢板上打小孔，也可切割钢板、石棉、纺织品和纸张，还可焊接和热处理
电子束加工						在各种难加工材料上打微孔、切割、刻蚀、曝光以及焊接等，常用于铸造中、大规模集成电路微电子器件
离子束加工		很低		/0.01μm	/0.01	对零件表面进行超精密、超微量加工、抛光、刻蚀、掺杂、镀覆等
水射流切割	钢铁、石材	无损耗	>300	0.2/0.1	20/5	下料、成形切割、剪裁
快速成形	增材加工，无可比性			0.3/0.1	10/5	快速制作样件、模具

7.2　电火花加工

电火花加工又称放电加工，20 世纪 40 年代开始研究并逐步应用于生产。它是在加工过程中，使工具和工件之间不断产生脉冲性的火花放电，靠放电时局部、瞬时产生的高温把金属蚀除下来的一种加工方法。因放电过程中可见到火花，故称之为电火花加工，日本、英国和美国称之为放电加工，俄罗斯将其称为电蚀加工。

7.2.1 电火花加工的基本原理和设备组成

1. 电火花加工的基本原理

电火花加工的原理是基于工具和工件（正、负电极）之间脉冲性火花放电时的电腐蚀现象来蚀除多余的金属，以达到对零件的尺寸、形状及表面质量的加工要求。早在19世纪初，人们发现了电腐蚀现象，例如在插头或电器开关触点开、闭时，往往产生火花而把接触表面烧毛、腐蚀成粗糙不平的凹坑而逐渐损坏。研究结果表明，电腐蚀产生的主要原因是电火花放电时火花通道中瞬时产生大量的热，达到很高的温度，足以使任何金属材料局部熔化、汽化而被蚀除掉，形成放电凹坑。

要利用电腐蚀现象对金属材料进行加工，必须满足以下3个条件：

1）必须使工具电极和工件被加工表面之间经常保持一定的放电间隙，这一间隙随加工条件而定，通常约为几微米至几百微米。如果间隙过大，极间电压不能击穿极间介质，因而不会产生火花放电；如果间隙过小，很容易形成短路接触，同样也不能产生火花放电。为此，在电火花加工过程中必须配有工具电极的自动进给和调节装置，使其和工件保持同一放电间隙。

2）火花放电必须是瞬时的脉冲性放电，放电延续一段时间后，需停歇一段时间，放电延续时间一般为$1 \sim 1000\mu s$。这样才能使放电所产生的热量来不及传导扩散到其余部分，把每一次的放电蚀除点分别局限在很小的范围内；否则，像持续电弧放电那样，会使表面烧伤而无法用于尺寸加工。为此，电火花加工必须采用脉冲电源。图7-1所示为脉冲电源的空载电压

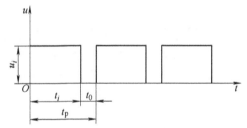

图7-1 脉冲电源的空载电压波形

波形，图中t_i为脉冲宽度，t_0为脉冲间隔，t_p为脉冲周期，u_i为脉冲峰值电压或空载电压。

3）火花放电必须在有一定绝缘性能的液体介质中进行，例如煤油、皂化液或去离子水等。液体介质又称工作液，它们必须具有较高的绝缘强度（$10^3 \sim 10^7 \Omega \cdot cm$），以有利于产生脉冲性的火花放电。同时，液体介质还能把电火花加工过程中产生的小金属屑和炭黑等电蚀产物从放电间隙中悬浮排除出去，并且对电极和工件表面有较好的冷却作用。

图7-2所示为电火花加工原理示意图。工件和工具分别与脉冲电源的两输出端相连接。自动进给调节装置使工具和工件之间经常保持一个很小的放电间隙，当脉冲电压加到两极之间，便在当时条件下某一间隙最小处或绝缘强度最低处击穿介质，在该局部产生火花放电，瞬时高温使工具和工件表面都蚀除掉一小部分金属，形成一个小凹坑，如图7-3所示。其中图7-3a所示为单个脉冲放电后的电痕，图7-3b所示为多个脉冲放电后的电极表面。脉冲放电结束后，经过一段间隔时间（即脉冲间隔t_0），工作液恢复绝缘后，第二个脉冲电压又加到两极上，又会在当时极间距离相对最近或绝缘强度最弱处击穿放电，又电蚀出一个小凹坑，这样随着相当高的频率、连续不断地重复放电，工具电极不断地向工件进给，就可将工具的形状复制在工件上，加工出所需要的零件，整个加工表面是由无数个小凹坑组成的。

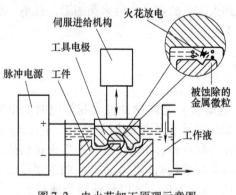

图 7-2　电火花加工原理示意图

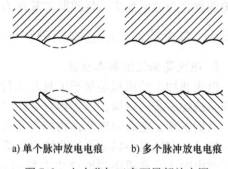

图 7-3　电火花加工表面局部放大图

2. 电火花加工的设备组成

电火花加工机床一般由机床本体、脉冲电源、自动进给调节装置、工作液净化及循环系统四个部分组成。图 7-4 为电火花加工机床结构示意图。

（1）机床本体　用来固定装夹工件和工具电极，实现工具与工件之间精确的相对运动，机床本体包括床身、工作台、主轴头和立柱等部分。

（2）脉冲电源　周期性地利用电容器缓慢充电并在极短时间内快速放电，把直流或整流后的电流转换成具有一定频率的重复脉冲电流。它是产生脉冲放电实现蚀除加工的供能装置。

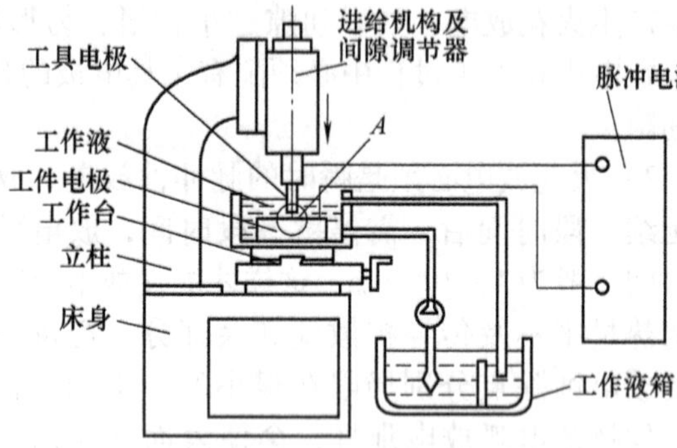

（3）自动进给调节装置　脉冲放电必

图 7-4　电火花加工机床结构示意图

须在一定的间隙下才能产生，这一间隙依据加工条件而定。放电间隙的大小对蚀除效果有一个最佳值，加工时应将放电间隙控制在最佳值附近。采用自动进给调节系统控制工具电极的进给，自动调节工具电极与工件之间的合理放电间隙，使得放电加工能顺利进行。自动进给调节装置常采用的传动方式有两种，即液压传动方式和电动机传动方式。由于数控电火花机床的发展，已广泛采用宽调速力矩电动机并配以码盘作为数控电火花加工机床的自动进给调节装置。

（4）工作液净化及循环系统　为使电蚀产物及时排除，一般采用强迫循环方式，并经过滤以保持工作液的清洁，防止因工作液中电蚀产物过多而引起短路或电弧放电。

7.2.2　电火花加工的特点及应用

1. 电火花加工的主要优点

（1）适合加工难切削材料　由于加工中材料的去除是靠放电时的电热作用实现的，材料的可加工性主要取决于材料的导电性及其热学特性，如熔点、沸点、比热容、电导率和电阻率等，而几乎与其力学性能（硬度、强度等）无关。这样可以突破传统切削加工对刀具的限制，可以实现用软的工具加工硬韧的工件，甚至可以加工像聚晶金刚石、立方氮化硼一类的超硬材料。目前电极材料多采用纯铜或石墨。

（2）适合加工特殊及复杂形状的表面和零件　由于加工中工具电极和工件不直接接触，没有机械加工宏观的切削力，因此适宜加工低刚度工件及微细加工。由于可以简单地将工具电极的形状复制到工件上，因此特别适用于复杂表面形状工件的加工，如复杂型腔模具加工等。

2. 电火花加工的局限性

1）主要用于加工金属等导电材料，但在一定条件下也可以加工半导体和非导体材料。

2）一般加工速度较慢。因此通常安排工艺时多采用切削加工来去除大部分余量，然后进行电火花加工以求提高生产率。但最近已有新的研究成果表明，采用特殊水基不燃性工作液进行电火花加工，其生产率不亚于切削加工。

3）存在电极损耗。由于电极损耗多集中在尖角或底面，影响成形精度。但近年来粗加工时已能将电极相对损耗比降至 0.1% 以下，甚至更小。

3. 电火花加工的应用

由于电火花加工具有许多传统切削加工所无法比拟的优点，因此其应用领域日益扩大，目前已广泛应用于机械（特别是模具制造）、电子、仪器仪表、汽车和航天等各个行业，以解决难加工材料及复杂形状零件的加工问题。加工范围已达到小至几微米的小轴、孔和缝，大到几米的超大型模具和零件。

7.2.3 电火花加工工艺方法分类

按工具电极和工件相对运动的方式和用途的不同，电火花加工工艺大致可分为电火花穿孔成形加工、电火花线切割加工、电火花磨削、电火花同步共轭回转加工、电火花高速小孔加工、电火花表面强化与刻字 6 大类。前 5 类属电火花成形、尺寸加工，是用于改变零件形状或尺寸的加工方法；后者则属表面加工方法，用于改善或改变零件表面性质。以上以电火花穿孔成形加工和电火花线切割加工应用最为广泛。表 7-3 为电火花加工工艺方法分类。

表 7-3 电火花加工工艺方法分类

类别	工艺方法	特　点	用　途	备　注
1	电火花穿孔成形加工	1. 工具和工件间只有一个相对的伺服进给运动 2. 工具为成形电极，与被加工表面有相同的截面或形状	1. 型腔加工：加工各类型腔模及各种复杂的型腔零件 2. 穿孔加工：加工各种冲模、挤压模、粉末冶金模、各种异型孔及微孔等	约占电火花机床总数的 30%，典型机床有 D7125、D7140 等电火花穿孔成形机床
2	电火花线切割加工	1. 工具电极为顺电极轴线方向移动着的线状电极 2. 工具与工件在两个水平方向同时有相对伺服进给运动	1. 切割各种冲模和具有直纹面的零件 2. 下料、截割和窄缝加工	约占电火花机床总数的 60%，典型机床有 DK7725、DK7740 数控电火花线切割机床
3	电火花内孔、外圆和成形磨削	1. 工具与工件有相对旋转运动 2. 工具与工件间有径向和轴向的进给运动	1. 加工高精度、表面粗糙度值小的小孔，如拉丝模、挤压模、微型轴承内环和钻套等 2. 加工外圆、小模数滚刀等	约占电火花机床总数的 3%，典型机床有 D6310 电火花小孔内圆磨床等
4	电火花同步共轭回转加工	1. 成形工具与工件均做旋转运动，但两者角速度相等或成倍角关系，相对应接近放电点可有切向运动速度 2. 工具相对工件可做纵、横向进给运动	以同步回转、展成回转和倍角速度回转等不同方式，加工各种复杂型面的零件，如高精度的异型齿轮、精密螺纹环规，高精度、高对称度及表面粗糙度值小的内外回转体表面等	约占电火花机床总数的不到 1%，典型机床有 JN-2、JN-8 内外螺纹加工机床
5	电火花高速小孔加工	1. 采用细管（＞φ0.3mm）电极，管内冲入高压水基工作液 2. 细管电极旋转 3. 穿孔速度较高（60mm/min）	1. 线切割穿丝预孔 2. 深径比很大的小孔，如喷嘴等	约占电火花机床总数的 2%，典型机床有 D703A 电火花高速小孔加工机床
6	电火花表面强化与刻字	1. 工具在工件表面振动 2. 工具相对工件移动	1. 模具、刀具和量具的刃口表面强化和镀覆 2. 电火花刻字、打印记	约占电火花机床总数的 2% ~ 3%，典型机床有 D9105 电火花强化器等

7.3 电火花线切割加工

电火花线切割加工是在电火花加工基础上，于 20 世纪 50 年代末发展起来的一种新的工艺形式，用线状电极（钼丝或铜丝）靠火花放电对工件进行切割，故称为电火花线切割，有时简称为线切割。

7.3.1 电火花线切割加工的基本原理和设备组成

1. 电火花线切割加工的基本原理

电火花线切割加工的基本原理是利用移动的细金属导线（钼丝或铜丝）作电极，对工件进行脉冲火花放电、切割成形。图 7-5 所示为数控电火花线切割加工原理示意图。

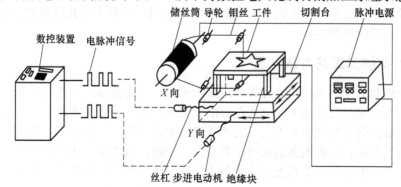

图 7-5　数控电火花线切割加工原理示意图

根据电极丝的运行速度，电火花线切割机床通常分为两大类：一类是高速走丝（或称快走丝）电火花线切割机床，这类机床的电极丝做高速往复运动，一般走丝速度为 8 ~ 10m/s，是我国生产和使用的主要机床类型，也是我国独有的电火花线切割加工模式；另一类是低速走丝（或称慢走丝）电火花线切割机床，这类机床的电极丝做低速单向运动，走丝速度低于 0.2m/s，是国外生产和使用的主要机床类型。

2. 电火花线切割机床的组成

电火花线切割机床主要由机床本体、脉冲电源、控制系统和工作液循环系统 4 部分组成。

（1）机床本体　机床本体由床身、坐标工作台和走丝系统等组成。图 7-6 为高速走丝电火花线切割机床本体结构示意图。

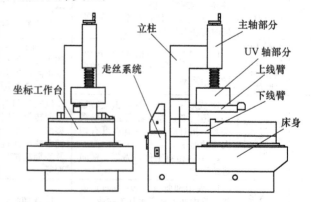

图 7-6　高速走丝电火花线切割机床本体结构示意图

1）床身。床身是支承和固定坐标工作台、走丝系统等的基体。

2）坐标工作台。电火花线切割机床最终都是通过坐标工作台与电极丝的相对运动来完成对零件加工的。为保证机床精度，对导轨的精度、刚度和耐磨性有较高的要求。一般都采用"十"字滑板、滚动导轨和丝杠传动副将电动机的旋转运动变为工作台的直线运动，通过两个坐标方向各自的进给移动，可合成获得各种平面图形曲线轨迹。为保证工作台的定位精度和灵敏度，传动丝杠和螺母之间必须消除间隙。图 7-7 为坐标工作台传动示意图。

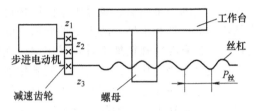

图 7-7　坐标工作台传动示意图

3）走丝系统。走丝系统使电极丝以一定的速度运动并保持一定的张力。在高速走丝电火花线切割机床上，一定长度的电极丝平整地排绕在储丝筒上，丝张力与排绕时的拉紧力有关，储丝筒通过联轴器与驱动电动机相连。为了重复使用该段电极丝，电动机由专门的换向装置控制做正反向交替运转。走丝速度等于储丝筒周边的线速度，通常为 8 ~ 10m/s。在运动过程中，电极丝由丝架支承，并依靠导轮保持电极丝与工作台垂直或倾斜一定的几何角度（锥度切割时）。为了切割有落料角的冲模和某些有锥度（斜度）的内外表面，有些电火花线切割机床具有的锥度切割功能。图 7-8 所示为某种型号高速走丝电火花线切割机床走丝系统结构简图。

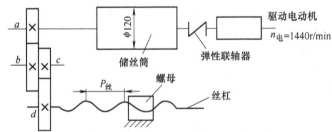

图 7-8　某种型号高速走丝电火花线切割机床走丝系统结构简图

（2）脉冲电源　电火花线切割加工脉冲电源与电火花成形加工所用的在原理上相同，不过受加工表面的表面粗糙度和电极丝允许承载电流的限制，电火花线切割加工脉冲电源的脉宽较窄（2 ~ 60μs），单个脉冲能量、平均电流（1 ~ 5A）一般较小，所以线切割加工总是采用正极性加工（即工件接脉冲电源的正极）。脉冲电源的形式品种很多，如晶体管矩形波脉冲电源、高频分组脉冲电源、并联电容型脉冲电源和低损耗电源等。

（3）控制系统　控制系统是进行电火花线切割加工的重要环节。控制系统的稳定性、可靠性、控制精度及自动化程度都直接影响到加工工艺指标和工人的劳动强度。

控制系统的主要作用是在电火花线切割加工过程中，按加工要求自动控制电极丝相对工件的运动轨迹和伺服进给速度，来实现对工件形状和尺寸的加工。亦即当控制系统使电极丝相对于工件按一定轨迹运动时，还应该实现伺服进给速度的自动控制，以维持正常的放电间隙和稳定的切割加工。前者轨迹控制靠数控编程和数控系统，后者是根据放电间隙大小与放电状态自动控制的，使进给速度与工件材料的蚀除速度相平衡。

电火花线切割机床控制系统的具体功能包括：

1）轨迹控制。即精确控制电极丝相对于工件的运动轨迹，以获得所需的形状和尺寸。

2）加工控制。主要包括对伺服进给速度、电源装置、走丝系统、工作液循环系统以及其他的机床操作控制。此外，失效、安全控制及自诊断功能也是一个重要的方面。

（4）工作液循环系统　工作液循环系统由工作液、工作液泵和循环导管等组成。工作液起绝缘、排屑和冷却等作用。每次脉冲放电后，工件与电极丝间必须迅速恢复绝缘状态，否则脉冲放电会转变为稳定持续的电弧放电，影响加工质量。加工过程中，工作液可把加工

77

过程中产生的小金属屑、炭黑等电蚀产物迅速从电极间冲走，使加工顺利进行。工作液还可冷却热的电极丝和工件，防止工件变形。低速走丝电火花线切割机床大多采用去离子水作为工作液，只有在特殊精加工时才采用绝缘性能较高的煤油。高速走丝电火花线切割机床使用的工作液是专用乳化液，目前供应的乳化液有 DX-1、DX-2 和 DX-3 等多种，其特点各有不同，有的适于快速加工，有的适于大厚度切割，也有的是在原来工作液中添加某些化学成分来提高其切割速度或增加防锈能力等。对高速走丝机床，通常采用浇注式供液方式，而对低速走丝机床，近年来有些采用浸泡式供液方式。

7.3.2　电火花线切割加工的特点及应用

1. 电火花线切割加工的特点

1）由于电极工具是直径较小的细丝，故脉冲宽度、平均电流等不能太大，加工工艺参数的范围较小，属于中、精正极性加工。

2）采用水或水基工作液，不会引燃起火，容易实现安全无人运行。

3）由于电极丝比较细，可以加工微细的异形孔、窄缝和复杂形状的工件。

4）由于采用移动的长电极丝进行加工，单位长度电极丝的损耗小，从而对加工精度的影响比较小。

5）可加工高硬度材料。

2. 电火花线切割加工的应用范围

电火花线切割加工为新产品试制、精密零件加工及模具制造开辟了一条新的工艺途径，主要应用于以下几个方面：

（1）加工模具　适用于加工各种形状的冲模。调整不同的间隙补偿量，只需一次编程就可以切割凸模、凸模固定板、凹模及卸料板等。还可加工挤压模、粉末冶金模、弯曲模和塑压模等，也可加工带锥度的模具。

（2）加工电火花成形加工用的电极　一般穿孔加工用的电极和带锥度型腔加工用的电极以及铜钨、银钨合金之类的电极材料用线切割加工特别经济，同时也适用于加工微细复杂形状的电极。

（3）加工零件　在试制新产品时，用电火花线切割在坯料上可直接切割出零件，由于不需另行制造模具等，可大大缩短制造周期、降低成本。另外修改设计、变更加工程序比较方便，加工薄件时还可多片叠在一起加工。在零件制造方面，可用于加工特殊形状、特殊材料和特殊结构的难加工零件；也可在对贵重金属进行切割加工时，节省不少贵金属；还可进行微细加工等。

7.3.3　电火花线切割加工的主要工艺指标及影响因素

1. 电火花线切割加工的主要工艺指标

（1）切割速度　在保持一定的表面粗糙度的切割过程中，单位时间内电极丝中心线在工件上切过的面积总和称为切割速度，单位为 mm^2/min。最高切割速度是指在不计切割方向和表面粗糙度等条件下所能达到的切割速度。通常高速走丝电火花线切割的切割速度为 $40 \sim 80mm^2/min$，它与加工电流大小有关，为比较不同输出电流脉冲电源的切割效果，将每安培电流的切割速度称为切割效率，一般切割效率为 $20mm^2/(min \cdot A)$。

（2）表面粗糙度　高速走丝电火花线切割机床加工的表面粗糙度值可达 $Ra1.6 \sim 2.5\mu m$；低速走丝电火花线切割机床加工的表面粗糙度值可达 $Ra0.4\mu m$。

（3）电极丝损耗量　对高速走丝电火花线切割机床，用电极丝在切割10000mm² 面积后电极丝直径的减少量来表示。一般每切割10000mm² 后，钼丝直径减小不应大于0.01mm。

（4）加工精度　加工精度是指所加工工件的尺寸精度、几何精度的总称。高速走丝电火花线切割的可控加工精度可达0.01~0.02mm，低速走丝电火花线切割可达0.002~0.005mm。

2. 影响电火花线切割加工工艺指标的主要因素

（1）电参数的影响　电参数主要指脉冲宽度、脉冲间隔、脉冲频率、峰值电压、峰值电流和极性等。电规准是指电火花加工过程中的一组电参数。电参数对材料的电腐蚀过程影响极大，它们决定着表面粗糙度、蚀除率、切缝宽度的大小和电极丝的损耗率等。要求获得较低的表面粗糙度值时，应选小的电规准；要求获得较高的切割速度时，可选用大一些的电规准，但应注意所选电极丝的截面积对加工电流的限制，以免造成断丝；工件厚度大时，应选用较高的脉冲电压、较大的脉宽和峰值电流，以增大放电间隙，改善排屑条件；在易断丝的场合，如工件材料含非导电杂质多、工作液中脏污程度较严重等，应减小电流，增大脉冲间隔时间。

（2）电极丝及其走丝速度的影响　高速走丝机床主要用直径为 $\phi0.06 ~ \phi0.20$mm 的钼丝、钨丝和钨铜丝作为电极。电极丝直径决定了切缝宽度和允许的峰值电流，最高切削速度一般都要用较粗的丝才能实现，而切割小模数齿轮等复杂零件时，采用细丝才能获得精细的形状和很小的圆角半径。

电极丝的走丝速度直接影响切割速度。在一定范围内提高走丝速度有利于电极丝把工作液带入较大厚度工件的放电间隙中，有利于电蚀产物的排除和放电的稳定。但走丝速度过快，将加大机械振动，降低精度和切割速度，表面质量也变差，并易造成断丝，一般以小于10m/s 为宜。

（3）切割路线的影响　在电火花线切割加工时要合理选择切割路线，否则可能产生变形，影响加工精度。通常应将工件与其夹持部分分割的线段安排在切割程序的末端。图7-9a是不合理的切割路线，图7-9b 是合理的切割路线。

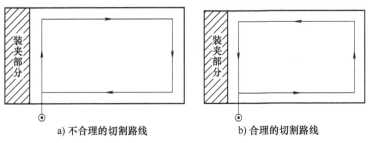

a) 不合理的切割路线　　　　　　b) 合理的切割路线

图7-9　切割路线的确定

7.3.4　电火花线切割加工安全操作技术规程

电火花线切割操作除了必须遵守一般操作安全技术规范外，还应注意以下几点：

1）加工时应随时观察加工运行情况，保证加工顺利进行。

2）勿将非导电物体或锈蚀的工件装夹在机床上进行加工，否则会损坏电源。

3）装夹工件应考虑装夹部位和穿丝、切入点位置，保证切割路线通畅。

4）扳手等工具使用后要放到安全位置上，以免发生事故。

5）加工时的进给速度不要太快，以免影响加工质量或出现断丝等。

6）加工时也不要用手或其他物体去触摸工件或电极。

7）放电加工时有火花产生，需注意防火措施。

8）机床使用后必须清理擦拭干净，以免零部件锈蚀。

7.4 激光加工

激光技术是 20 世纪 60 年代初发展起来的一门新兴科学，在材料加工方面逐步形成了一种崭新的加工方法——激光加工。激光加工是利用光的能量经过透镜聚焦后在焦点上达到很高的能量密度，靠光热效应来加工各种材料的。由于激光加工不需要加工工具，而且加工速度快、表面变形小，可以加工各种材料，近年来得到了广泛的应用。主要用于打孔、切割、焊接、热处理以及激光存储等领域。

7.4.1 激光加工的基本原理和设备组成

1. 激光加工的基本原理

激光是一种经受激辐射产生的加强光，具有亮度高、方向性好、高单色性和高相干性的性能特点。通过光学系统可聚焦成为一个极小的光束（微米级），而且可根据加工要求调整光束粗细。激光加工时，把激光束聚焦在工件加工部位，工件材料会迅速熔化、汽化（焦点处能量密度高达 $10^8 \sim 10^{10} \text{W/cm}^2$，温度可超过 $10000℃$），随着激光能量被不断吸收，材料凹坑内金属蒸气迅速膨胀，压力突然增大，熔融物爆炸式高速喷射出来，在工件内部形成方向性很强的冲击波。激光加工就是在光热效应下产生高温熔融和受冲击波抛出的综合作用过程。图 7-10 所示为激光加工原理示意图。

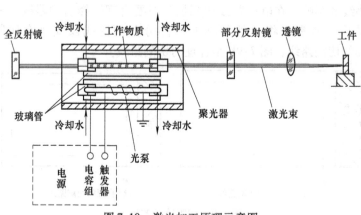

图 7-10 激光加工原理示意图

2. 激光加工的设备组成

激光加工设备一般由激光器、激光器电源、光学系统及机械系统 4 大部分组成。

（1）激光器 激光器是激光加工的重要设备，它把电能转变成光能，产生激光束。按激活介质的种类可以分为固体激光器、气体激光器、液体激光器、半导体激光器和自由电子激光器等；按激光器的工作方式可大致分为连续激光器和脉冲激光器。

（2）激光器电源 激光器电源为激光器提供所需要的能量及控制功能。由于各类激光器的工作特点不同，对供电电源的要求也不同。例如，固体激光器电源有连续和脉冲两种；气体激光器电源有直流、射频、微波、电容器放电以及这些方法联合使用等。

（3）光学系统 包括激光聚焦系统和观察瞄准系统。光学系统是激光加工设备的主要组成部分，其作用是引导激光束至工件表面，并在加工部位获得所需的光斑形状、尺寸及功率密度，同时，瞄准加工部位、显微观察加工过程及加工零件。

（4）机械系统 机械系统主要包括床身、能在三坐标范围内移动的工作台及机电控制系统等。随着电子技术的发展，已采用计算机来控制工作台的移动，实现激光加工的数控操作，激光加工机的种类也越来越多，结构形式不一。

7.4.2 激光加工的特点及应用

1. 激光加工的特点

1）激光聚焦后，功率密度大，光能转化为热能，几乎可以熔化、汽化任何材料。

2）激光斑点大小可以聚焦到微米级，输出功率可以调节，因此可用于精密微细加工。

3）加工所用工具是激光束，非接触加工，所以没有明显的机械力，没有工具损耗问题。

4）操作简单方便。

2. 激光加工的应用范围

利用激光能量高度集中的特点，可以用于打孔、切割、焊接及表面热处理。利用激光单色性好的特点还可以进行精密测量。

（1）激光打孔 激光打孔是激光加工中应用最早和应用最广泛的一种加工方法。利用凸透镜将激光在工件上聚焦，焦点处的高温使材料瞬时熔化、汽化、蒸发，好像一个微型爆炸，汽化物质以超声速喷射出来，它的反冲击力在工件内部形成一个向后的冲击波，在此作用下将孔打出。激光打孔速度极快，效率极高。如用激光给手表的红宝石轴承打孔，每秒钟可加工 14 ~ 16 个，合格率达 99%。目前常用于微细孔和超硬材料打孔，如柴油机喷嘴、金刚石拉丝模、化纤喷丝头和卷烟机上用的集流管等。

（2）激光切割 与激光打孔原理基本相同，也是将激光能量聚集到很微小的范围内把工件烧穿，但切割时需移动工件或激光束（一般移动工件），沿切口连续打一排小孔即可把工件割开。激光可以切割金属、陶瓷、半导体、布、纸、橡胶和木材等，切缝窄、效率高且操作方便。

（3）激光焊接 激光焊接与激光打孔原理稍有不同，焊接时不需要那么高的能量密度使工件材料汽化蚀除，而只要将工件的加工区烧熔，使其黏合在一起。因此所需能量密度较低，可用小功率激光器。与其他焊接相比，具有焊接时间短、效率高、无喷渣、被焊材料不易氧化和热影响区小等特点。不仅能焊接同种材料，而且可以焊接不同种类的材料，甚至可以焊接金属与非金属材料。

（4）激光的表面热处理 利用激光对金属工件表面进行扫描，从而引起工件表面金相组织发生变化进而对工件表面进行表面淬火、粉末黏合等。用激光进行表面淬火，工件表层的加热速度极快，内部受热极少，工件不产生热变形，特别适合于对齿轮、气缸筒等形状复杂的零件进行表面淬火。由于不必用加热炉，是开式的，故也适合于大型零件的表面淬火。粉末黏合是在工件表层上用激光加热后熔入其他元素，可提高和改善工件的综合力学性能。此外，还可以利用激光除锈和消除工件表面的沉积物等。

7.5 超声加工

超声加工有时也称超声波加工。电火花加工和电化学加工都只能加工金属导电材料，不易加工不导电的非金属材料，然而超声加工不仅能加工硬质合金、淬火钢等脆硬金属材料，而且更适合于加工玻璃、陶瓷和硅片等不导电的非金属脆硬材料，同时还可以用于清洗、焊接和探伤等。

7.5.1 超声加工的基本原理和设备组成

1. 超声加工的基本原理

超声波是频率超过16000Hz的声波。超声波加工是利用工具端面作超声频振动，通过磨料悬浮液加工脆硬材料的一种成形方法，加工原理如图7-11所示。加工时，工具以一定的静压力加在工件上，并向加工区内送入磨料悬浮液（磨料与水的混合液）。超声换能器产生超声频轴向振动，迫使工作液中悬浮的磨粒以很大的速度和加速度不断地撞击、抛磨被加工表面，把被加工表面的材料粉碎成很细的微粒，从工件上被打击下来。循环的磨料悬浮液不断地带走破碎下来的工件材料，工具便逐渐地伸入工件中去，在工件上加工出与工具形状相似的型孔。此外，当工具端面以很大的加速度离开工件表面时，加工间隙中的工作液内由于负压和局部真空形成许多微空腔，当工具端面再以很大的加速度接近工件表面时，空腔闭合，从而形成可以强化加工过程的液压冲击波，这种现象称为"超声空化"。

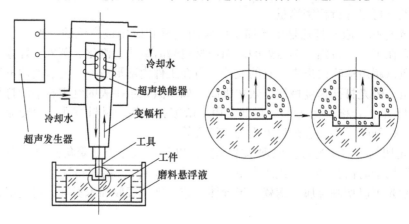

图7-11 超声波加工原理示意图

由此可见，超声加工是磨粒在超声振动作用下的机械撞击和抛磨作用以及超声空化作用的综合结果，其中磨粒的撞击作用是主要的。

2. 超声加工的设备组成

超声加工的设备一般由超声发生器、超声振动系统、机床本体和磨料工作液循环系统等几部分组成。

（1）超声发生器（超声电源） 超声发生器（也称超声波或超声频发生器）的作用是将工频交流电转变为有一定功率输出的超声频电振荡，以供给工具端面往复振动和去除被加工材料的能量。其基本要求是输出功率和频率在一定范围内连续可调。

（2）超声振动系统 超声振动系统主要包括换能器、变幅杆和工具。其作用是将超声发生器输出的高频电振荡转换成机械振荡（高频电能转变为机械能），并借助变幅杆把振幅放大（达0.05~0.1mm），使工具端面作高频率小振幅的振动以进行加工。

（3）机床本体 超声加工机床一般比较简单，包括支承振动系统的机架、工作台、使工具以一定压力作用在工件上的进给机构以及床身等部分组成。

（4）磨料工作液循环系统 简单的超声加工装置，其磨料是靠人工输送和更换的，即在加工前将悬浮磨料的工作液浇注在加工区，加工过程中定时抬起工具和补充磨料。也可利用小型离心泵使磨料悬浮液搅拌后浇注到加工间隙中去。对于较深的加工表面，应将工具定时抬起以利磨料的更换和补充。

7.5.2 超声加工的特点及应用

1. 超声加工的特点

1）适合于加工各种硬脆材料，特别是不导电的非金属材料，如玻璃、陶瓷、石英、硅、石墨、玛瑙、宝石和金刚石等。对于硬质金属材料，如淬火钢和硬质合金等也能进行加工，但加工生产率较低，只宜作切削量很小的研磨和抛光。

2）由于工具可用较软的材料做成较复杂的形状，故不需要使工具和工件做比较复杂的相对运动，因此超声加工机床的结构比较简单，操作、维修方便。

3）由于去除加工材料是靠极小磨料瞬时局部的撞击作用，故工件表面的宏观切削力很小，切削应力、切削热很小，不会引起变形及烧伤，表面粗糙度值可达 $Ra1 \sim 0.1\mu m$，加工精度可达 $0.01 \sim 0.02mm$，可以加工薄壁、窄缝和低刚度零件。

2. 超声加工的应用范围

（1）型孔和型腔的加工　超声加工目前主要用于对脆硬材料加工圆孔、型腔、异形孔、套料和微细孔等，如图 7-12 所示。

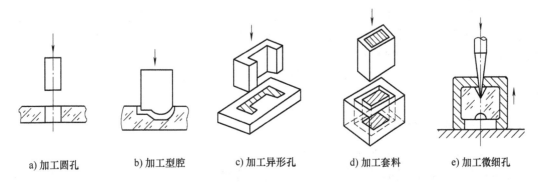

a) 加工圆孔　　b) 加工型腔　　c) 加工异形孔　　d) 加工套料　　e) 加工微细孔

图 7-12　超声加工应用实例

（2）切割加工　超声加工可用于切割单晶硅片等脆硬的半导体材料和陶瓷材料，如图 7-13所示。

（3）复合加工　为了提高加工速度及降低工具损耗，可以把超声加工和其他加工方法结合起来进行复合加工。例如采用超声与电化学或电火花加工相结合的方法来加工喷油器、喷丝板上的小孔或窄缝，可以大大提高加工速度和质量。超声加工还可以研磨抛光电火花加工之后的模具表面和拉丝模小孔等，可以减小表面粗糙度值。

（4）超声清洗　超声清洗的原理主要是基于超声频振动在液体中产生的交变冲击波和空化作用。超声波在清洗液（汽油、煤油、酒精、丙酮或水等）中传播时，液体分子往复高频振动产生正负交变的冲击波。当声强达到一定数值时，液体中急剧生长微小空化气泡并瞬时强烈闭合，产生的微冲击波使被清洗表面的污物遭到破坏，并从被清洗表面脱落下来。即使是被清洗物上的窄缝、微小深孔、弯孔中的污物，也很容易被清洗干净。虽然每个空化气泡的作用并不大，但每秒钟有上亿个空化气泡在作用，就具有很好的清洗效果。所以超声振动被广泛用于对喷油器、仪表齿轮、手表整体机芯和印制电路板等的清洗。超声清洗装置如图 7-14 所示。

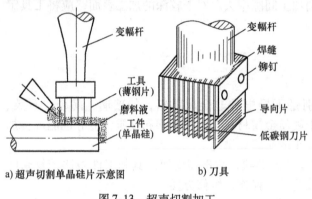

a) 超声切割单晶硅片示意图

b) 刀具

图 7-13　超声切割加工

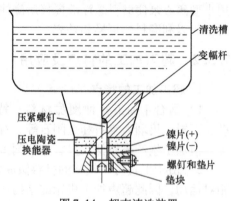

图 7-14　超声清洗装置

7.6　快速原型制造技术

　　快速原型制造技术又称快速成形技术，是 20 世纪 80 年代出现的一种全新概念的制造技术，被认为是制造领域的一次重大创新。快速成形技术综合了机械工程、CAD、数控技术、激光技术以及材料科学技术，可以自动、直接、快速且准确地将设计思想转变为具有一定功能的原型或直接制造零件，从而可以对产品设计进行快速评估、修改及功能试验，大大缩短了产品的研制周期，是一种增材加工法。

　　在众多的快速成形工艺中，具有代表性的工艺是光敏树脂液相固化成形、选择性激光粉末烧结成形、薄材叠层成形和熔丝沉积成形四种。

7.6.1　光敏树脂液相固化成形

1. 光敏树脂液相固化成形的工艺原理

　　光敏树脂液相固化成形又称光固化立体造型或立体光刻。其工艺是基于液态光敏树脂的光聚合原理工作的。这种液态材料在一定波长（$\lambda = 325\,nm$）和功率（$P = 30\,MW$）的激光照射下能迅速发生光聚合反应，分子量急剧增大，材料从液态转变成固态。

　　图 7-15 所示为光敏树脂液相固化成形工艺的原理图。树脂槽中盛满液态光敏树脂，激光束在偏转镜作用下，在液体表面上扫描，扫描的轨迹及激光的有无均由计算机控制，光点扫描到的地方，液体就固化。成形开始时，工作平台在液面下一个确定的深度，液面始终处于激光的焦点平面内，聚焦后的光斑在液面上按计算机的指令逐点扫描即逐点固化。当一层扫描完成后，未被照射的地方仍是液态树脂。然后升降台带动平台下降一层高度（约 0.1mm），已成形的层面上又布满一层液态树脂，刮平器将黏度较大的树脂液面刮平，然后再进行下一层的扫

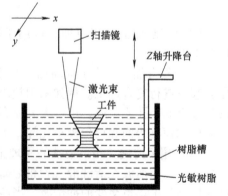

图 7-15　光敏树脂液相
固化成形工艺的原理

描，新固化的一层牢固地粘在前一层上，如此重复，直到整个零件制造完毕，得到一个三维实体原型。

光敏树脂液相固化成形方法是目前快速成形技术领域中研究得最多的方法，也是技术上最为成熟的方法。光敏树脂液相固化成形工艺成形的零件精度较高。多年的研究改进了截面扫描方式和树脂成形性能，使该工艺的精度能达到或小于0.1mm。

2. 光敏树脂液相固化成形的特点、成形材料和应用

这种方法的特点是精度高、表面质量好、原材料利用率将近100%，能制造形状特别复杂（如空心零件）、特别精细（如首饰、工艺品等）的零件。制作出来的原型件可快速翻制各种模具。

光敏树脂液相固化成形工艺的成形材料称为光固化树脂（或称光敏树脂），光固化树脂材料中主要包括低聚物、反应性稀释剂及光引发剂。根据引发剂的引发机理，光固化树脂可以分为三类：自由基光固化树脂、阳离子光固化树脂和混杂型光固化树脂，它们各有许多优点，目前的趋势是使用混杂型光固化树脂。

光敏树脂液相固化成形的应用有很多方面，可直接制作各种树脂功能件，用作结构验证和功能测试；可制作比较精细和复杂的零件；可制造出有透明效果的制件；制作出来的原型件可快速翻制各种模具，如硅橡胶模、金属冷喷模、陶瓷模、合金模、电铸模、环氧树脂模和汽化模等。

7.6.2 选择性激光粉末烧结成形

1. 选择性激光粉末烧结成形的工艺原理

选择性激光粉末烧结成形工艺又称为选区激光烧结。其工艺利用粉末材料（金属粉末或非金属粉末）在激光照射下烧结的原理，在计算机控制下层层堆积成形。

如图7-16所示，此方法采用CO_2激光器作能源，目前使用的造型材料多为各种粉末材料。在工作台上均匀地铺上一层很薄（0.1～0.2mm）的粉末，激光束在计算机控制下按照零件分层轮廓有选择性地进行烧结，一层完成后再进行下一层烧结。全部烧结完后去掉多余的粉末，再进行打磨、烘干等处理便获得零件。

2. 选择性激光粉末烧结成形的特点、成形材料和应用

选择性激光粉末烧结成形工艺的特点是材料适应面广，不仅能制造塑料零件，还能制造陶瓷和石蜡等

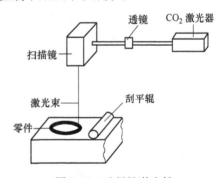

图7-16 选择性激光粉末烧结成形工艺的原理

材料的零件。特别是可以直接制造金属零件，这使选择性激光粉末烧结成形工艺颇具吸引力。

另一特点是选择性激光粉末烧结成形工艺无须加支承，因为没有被烧结的粉末起到了支承的作用。因此可以烧结制造空心、多层镂空的复杂零件。

对于选择性激光粉末烧结成形用的材料，早期采用蜡粉及高分子塑料粉，用金属或陶瓷粉进行黏结或烧结的工艺也已达到实用阶段。近年来开发的较为成熟的用于选择性激光粉末烧结成形工艺的材料有石蜡、聚碳酸酯、尼龙和铜合金等。

选择性激光粉末烧结成形的应用范围与光敏树脂液相固化成形工艺类似，可直接制作各

种高分子粉末材料的功能件，用作结构验证和功能测试，并可用于装配样机。制件可直接作为精密铸造用的蜡模、砂型和型芯，制作出来的原型件可快速翻制各种模具，如硅橡胶模、金属冷喷模、陶瓷模、合金模、电铸模、环氧树脂模和汽化模等。

7.6.3 薄材叠层成形

1. 薄材叠层成形的工艺原理

薄材叠层成形工艺又称叠层实体制造或分层实体制造，因为常用纸作原料，故又称纸片叠层法。其工艺采用薄片材料，如纸和塑料薄膜等作为成形材料，片材表面事先涂覆上一层热熔胶。加工时，用 CO_2 激光器（或刀）在计算机控制下按照 CAD 分层模型轨迹切割片材，然后通过热压辊热压，使当前层与下面已成形的工件层黏结，从而堆积成形。

图 7-17 所示为薄材叠层成形工艺的原理图。用 CO_2 激光器在刚黏结的新层上切割出零件截面轮廓和工件外框，并在截面轮廓与外框之间多余的区域内切割出上下对齐的网格；激光切割完成后，工作台带动已成形的工件下降，与带状片材（料带）分离；供料机构转动收料轴和供料轴，带动料带移动，使新层移动到加工区域；工作台上升到加工平面；热压辊热压，工件的层数增加一层，高度增加一个料厚；再在新层上切割截面轮廓。如此反复直至零件的所有截面切割、黏结完，得到三维的实体零件。

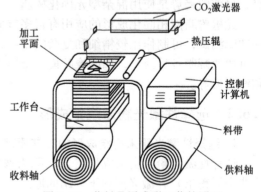

图 7-17 薄材叠层成形工艺的原理

2. 薄材叠层成形的特点、成形材料和应用

薄材叠层成形工艺只需在片材上切割出零件截面的轮廓，而不用扫描整个截面，因此易于制造大型、实体零件。零件的精度较高（<0.15mm）。工件外框与截面轮廓之间的多余材料在加工中起到了支承作用，所以薄材叠层成形工艺无须加支承。

薄材叠层成形工艺的成形材料常用成卷的纸，纸的一面事先涂覆一层热熔胶，偶尔也用塑料薄膜作为成形材料。对纸材的要求是应具有抗湿性、稳定性、涂胶浸润性和一定的抗拉强度。

薄材叠层成形工艺由于其成形材料纸张较便宜，运行成本和设备投资较低，故获得了一定的应用，可以用来制作汽车发动机曲轴、连杆、各类箱体和盖板等零部件的原形样件。

7.6.4 熔丝沉积成形

1. 熔丝沉积成形的工艺原理

熔丝沉积成形工艺是利用热塑性材料的热熔性和黏结性在计算机控制下层层沉积成形。

图 7-18 为熔丝沉积成形工艺的原理图。材料先抽成丝状，通过送丝机构送进喷头，在喷头内被加热熔化，喷头沿零件截面轮廓和填充轨迹运动，同时将熔化的材料挤出，材

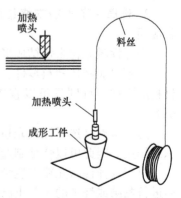

图 7-18 熔丝沉积成形工艺的原理

料迅速固化，并与周围的材料黏结，层层沉积成形。

2. 熔丝沉积成形的特点、成形材料和应用

该工艺不用激光，因此使用、维护简单，成本较低。用蜡成形的零件原型，可以直接用于失蜡铸造。熔丝沉积成形工艺常用 ABS 工程塑料丝作为成形材料。用 ABS 工程塑料制造的原型因具有较高强度，在产品设计、测试与评估等方面得到广泛应用。

由于熔丝沉积成形工艺的一大优点是可以成形任意复杂程度的零件，经常用于成形具有很复杂的内腔、孔等结构的零件。

知识拓展

我们的征途——中国探月工程（二）

复习思考题

1. 何谓特种加工？特种加工与传统的切削加工相比有什么不同？常用的特种加工有哪些？
2. 电火花加工的原理是什么？常用的电火花加工工艺方法有哪些？
3. 试述电火花线切割加工的基本原理和加工范围。
4. 试述电火花线切割机床的组成和各部分的作用。
5. 何谓激光？试述激光加工原理和应用范围。
6. 何谓超声波？试述超声加工原理和应用范围。

第8章　工程材料及金属热处理

【目的与要求】

1. 了解常用钢铁材料的牌号、性能特点及应用。
2. 了解金属材料的性能，了解常用的热处理工艺。
3. 了解表面处理的方法。
4. 初步了解塑料、橡胶和陶瓷材料的性能及用途。
5. 初步了解复合材料的性能特点及发展趋势。
6. 了解热处理安全操作技术规程。
7. 初步建立工艺链全局观，理解材料-热处理-加工工艺的关联性，初步建立全流程设计意识。

工程材料是指制造工程构件和机械零件用的材料。工程材料分为金属材料、有机高分子材料、无机非金属材料（陶瓷）和复合材料4类。

8.1　金属材料的性能

金属材料的性能主要表现在两个方面，即使用性能和工艺性能。金属材料的性能是指用来说明金属材料在给定条件下的行为参数，其中使用性能是指物理、化学和力学等方面的性能，工艺性能是指铸造、热处理、锻压、焊接和切削加工等方面的性能。

8.1.1　物理性能和化学性能

1. 物理性能

金属材料的物理性能主要包括密度、熔点、导热性、导电性、磁性和热膨胀性等，是指金属材料对自然界各种物理现象，如温度变化和地球引力等的反映。

2. 化学性能

化学性能是指金属材料的化学稳定性，包括抗氧化性和耐蚀性。耐蚀性包含耐酸性和耐碱性。在腐蚀性介质中或在高温下服役的零部件比在正常的室温条件下腐蚀强烈。在设计这类零部件时，应考虑选用耐蚀性比较好的合金钢。

8.1.2　力学性能

金属材料在外力作用下所表现出的各项性能指标统称为金属材料的力学性能，有4大力学性能指标：强度、塑性、硬度和冲击韧性。力学性能是金属材料的主要性能，是机械设计、制造选择材料的主要依据。

1. 强度

金属材料在载荷的作用下抵抗变形和开裂的能力称为强度。其数值测定是按国家标准规定的标准试样，在试验机上测出的，标准拉伸试样图如图8-1所示。

根据标准试样在拉伸过程中承受的载荷和产生的变形量之间的关系可以获得拉伸曲线，低碳钢的拉伸曲线如图 8-2 所示。试样在拉伸过程中可以看出有以下几个变形阶段：

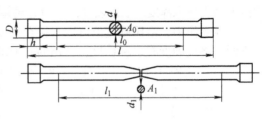

图 8-1　标准拉伸试样图

（1）弹性变形阶段——oe　这个阶段载荷 P 低于 P_e，伸长量与拉力成正比，试样只产生弹性变形，当外力去除后，试样能恢复到原来的长度。P_e 为能恢复原状的最大拉力。

（2）屈服阶段——es　载荷达到 P_s 时，曲线出现一个平台或锯齿形线段，这时不再增加载荷，试样仍继续变形。屈服强度就是指材料开始屈服时的应力。屈服现象结束后曲线继续上升，表明试样又能承受更大的载荷了。材料在屈服点后得到了强化，这种现象叫屈服强化或形变强化，也叫冷作硬化或加工硬化。屈服强度分上、下屈服强度 R_{eH}、R_{eL}。

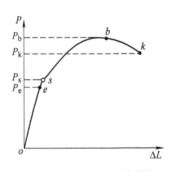

图 8-2　低碳钢的拉伸曲线

（3）强化阶段——sb　当载荷超过 P_s 后，试样的伸长量又与载荷成曲线关系上升。在载荷增加不大的情况下而变形量却较大，表明这时试样产生大量的塑性变形。图中 P_b 是试样拉伸时的最大载荷。材料在拉断前所承受的最大断裂应力称为抗拉强度，用 R_m 表示。其计算公式为

$$R_m = \frac{P_b}{A_0}$$

式中　R_m——抗拉强度（MPa）；

　　　P_b——试样断裂前所承受的最大载荷（N）；

　　　A_0——试样原始横截面积（mm^2）。

R_m 越大说明材料抵抗破坏的能力越强。所以说 R_m 是一个重要的强度指标。

（4）缩颈阶段——bk　当载荷超过 P_b 时，试样的局部截面开始变小，这种现象称为缩颈现象（图 8-3）。试样局部截面越来越小，载荷也会越来越小，当载荷达到曲线上的 k 点时，试样被拉断。

图 8-3　缩颈现象

屈服强度和抗拉强度是评定材料性能的主要指标，也是设计零件的主要依据。

2. 塑性

金属材料在断裂前产生塑性变形的能力称为塑性。常用的塑性指标是拉断后的断后伸长率 A 和断面收缩率 Z。

3. 硬度

金属材料抵抗其他更硬的物体压入其表面的能力称为硬度。硬度是衡量金属材料的一个重要指标，是体现金属材料表面抵抗局部塑性变形、压痕或划痕的能力。

（1）布氏硬度（HBW）　把规定直径的硬质合金球以一定的试验力压入被测材料表面，保持规定时间后测量压痕直径，经计算得出布氏硬度值，适合测量硬度值在 650HBW 以下的材料。

（2）洛氏硬度（HRA/HRB/HRC）　由于被测材料越硬，压入深度增量越小，这与布氏硬度所标记的硬度值大小的概念相矛盾。为了与习惯上数值越大、硬度越高的概念相一致，采用

常数 K 减去压入深度来表示硬度值。为简便起见又规定每 0.002mm 压入深度为一个硬度单位。

实际操作中，洛氏硬度值可以直接在硬度试验机的表盘上读出。由于压头和施加试验力的不同，洛氏硬度有多种标尺，常用的有 HRA、HRB 和 HRC。

（3）维氏硬度（HV） 维氏硬度采用金刚石正四棱锥体压头，可以准确测量金属零件的表面硬度或测量硬度很高的零件。一般用于测量渗氮层的硬度。

4. 冲击韧性

材料抵抗冲击载荷作用而不破坏的能力称为冲击韧性。通常以材料被冲断所消耗的冲击能量来衡量冲击韧性的大小。

8.2 常用金属材料

金属材料一般分为四大类：

1）工业纯铁（$w_C \leqslant 0.0218\%$），一般不用来制造机械零件。

2）钢（$0.0218\% < w_C \leqslant 2.11\%$）。

3）铸铁（$2.11\% < w_C \leqslant 6.69\%$）。

4）有色金属，一般包括铝、铜及其合金等。

8.2.1 钢的分类及应用

1. 钢的分类

（1）按化学成分分类

1）碳素钢。按碳的含量不同可分为低碳钢（$w_C \leqslant 0.25\%$）、中碳钢（$0.25\% < w_C < 0.6\%$）和高碳钢（$w_C \geqslant 0.6\%$）。

2）合金钢。按合金元素的含量不同可分为低合金钢（$w_{Me} \leqslant 5\%$）、中合金钢（$5\% < w_{Me} < 10\%$）、高合金钢（$w_{Me} \geqslant 10\%$）。

（2）按硫磷含量分类

1）普通钢（$w_S \leqslant 0.05\%$，$w_P \leqslant 0.45\%$）。

2）优质钢（$w_S \leqslant 0.035\%$，$w_P \leqslant 0.035\%$）。

3）高级优质钢（$w_S \leqslant 0.02\%$，$w_P \leqslant 0.03\%$）。

（3）按使用特性分类

1）结构钢。

2）工具钢。

3）特殊性能钢。

2. 碳钢的牌号、主要性能及用途

（1）普通碳素结构钢 常用的 Q235AF 牌号示意如下：

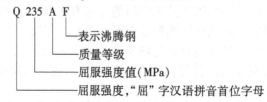

（2）优质碳素结构钢 优质碳素结构钢的牌号用两位平均万分数表示碳的质量分数，如 08F、45 和 65Mn 等。

（3）碳素工具钢　常用的碳素工具钢牌号中"T"代表工具钢，用名义千分数表示碳的质量分数，如 T8、T10 和 T12A 等。

（4）铸造碳钢　在一些工程机构上，个别零件由于形状复杂而难以用锻造和切削加工等方法来完成，同时又要求具有一定的强度，用铸铁满足不了性能要求，因此可采用由碳素钢经熔化铸造而成的铸造碳钢。牌号中"ZG"是"铸钢"一词汉语拼音的首字母，后边两组数字中，第一组表示屈服强度，第二组表示抗拉强度，如 ZG200—400。

3. 合金钢的分类及牌号

所谓合金钢就是在碳钢的基础上加入某些合金元素，以便提高钢的某些性能。

合金钢可分为合金结构钢、合金工具钢、不锈钢和耐热钢。

（1）合金结构钢　含碳量为万分比，合金元素含量为百分比，合金元素质量分数小于 1.5% 时只标符号而不标含量，如 42CrMo 中碳的质量分数为 0.42%，铬、钼的质量分数均小于 1.5%。

（2）合金工具钢　碳的质量分数小于 1% 时为千分比，碳的质量分数大于或等于 1% 时不标出。如 9CrSi 表示碳的质量分数为 0.9%。

（3）不锈钢和耐热钢　碳的质量分数不小于 0.04% 时用两位阿拉伯数字表示，如 06Cr13Al；碳的质量分数不大于 0.03% 时用 3 位阿拉伯数字表示，如 022Cr19Ni10。

8.2.2　铸铁的分类及应用

铸铁是碳的质量分数大于 2.11% 的铁碳合金，一般含有硅、锰元素及磷、硫等杂质。铸铁在工业生产上应用比较广泛。与碳素钢相比，铸铁的力学性能相对较差，但其具有优良的减震性、耐磨性、切削加工性和铸造性能，生产成本也比较低。

1. 根据碳在铸铁中存在的形式分类

1）白口铸铁。

2）灰铸铁。

3）麻口铸铁。

2. 根据石墨在铸铁中的形状分类

1）灰铸铁。

2）球墨铸铁。

3）可锻铸铁。

8.2.3　有色金属

1. 铜及其合金

（1）纯铜　纯铜的密度为 $8.96g/cm^3$，熔点为 1083℃。退火状态下的力学性能：抗拉强度为 240MPa，硬度为 35HBW，断后伸长率为 45%。由于它具有高电导率、高耐蚀性和良好的加工性，所以被广泛用于电气工业的电缆、电线、线圈和触点等。还可用于冷却器、热交换器和容器等。

（2）黄铜　黄铜是以锌为主加元素构成的铜基合金。用"H"表示，如 H68，表示黄铜中铜的质量分数为 68%，锌的质量分数为 32%。

（3）青铜　青铜是以锡、铝、硅和铍等为主加元素构成的铜基合金。其牌号分别由"QSn""QAl""QSi""QBe"和两组或三组数字组成。

2. 铝及其合金

（1）纯铝 纯铝为银白色，密度为 $2.72g/cm^3$，熔点为 660.4℃。力学性能：抗拉强度为 90MPa，硬度为 28HBW，断后伸长率为 38%，面心立方结构，无同素异构转变。其具有良好的导电性、导热性、耐蚀性和塑性且强度低。

（2）铝合金 铝合金分为变形铝合金和铸造铝合金两类。

1）变形铝合金。变形铝合金分为防锈铝合金、硬铝合金、超硬铝合金和锻铝合金。防锈铝合金强度比纯铝高，具有良好的耐蚀性、塑性和焊接性。但其切削性能较差，不能进行热处理强化，只能进行冷塑变形强化。

2）铸造铝合金。铸造铝合金用"ZL"加 3 位数字表示，如 ZL107。分为铝硅、铝铜、铝镁及铝锌 4 大系列，其铸造性能好，导热性及耐蚀性较好，又具有一定的强度。

8.3 热处理概述

机械零件在机械加工中要经过冷、热加工等多道工序，其间经常要穿插热处理工序。所谓热处理就是将固态金属材料通过加热、保温和冷却改变其组织，从而获得所需要的组织结构和性能的一种工艺方法。热处理是一种重要的加工工艺，在机械制造业中被广泛地应用。如在机床、汽车和拖拉机等机器的制造中，约有 2/3 的零部件需要进行热处理。人们习惯上称热处理工是钢铁的内科医生。

8.3.1 常用的热处理工艺

1. 退火和正火

退火是将工件加热到适当温度，保持一定时间，然后缓慢冷却（通常是随炉冷却，也可埋入导热性较差的介质中冷却）的热处理工艺。

退火的目的是降低硬度，便于切削加工；细化晶粒、改善组织，提高力学性能；消除内应力，并为后续热处理做好组织准备。

退火主要适用于各类铸件、锻件、焊接件和冲压件，退火一般是机械加工及其他热处理工序之前的预备热处理工序。

正火是工件加热奥氏体化（加热温度由钢中的含碳量及合金元素的含量决定，碳钢一般加热到 780~900℃）后在空气中或其他介质中冷却获得以珠光体组织为主的一种热处理工艺。

正火与退火的目的大体上差不多，正火由于冷却速度快，所以晶粒较细，但其强度、硬度比退火件稍高，而塑性、韧性略有下降。由于正火采用空冷，消除内应力不如退火彻底，但正火生产周期短，操作简单，因此在满足使用性能要求的前提下，尽量采用正火工艺。一般情况下，低、中碳钢采用正火工艺，高碳钢采用退火工艺。

2. 淬火与回火

淬火是工件加热后以适当方式冷却（一般采用水或油等介质）获得马氏体或（和）贝氏体组织热处理工艺。

所谓临界温度，对碳的质量分数小于 0.8% 的碳钢来说就是 A_3 线，对碳的质量分数大于或等于 0.8% 的碳钢来说就是 A_1 线。表 8-1 是一些常用钢的淬火加热温度。

工件经淬火后硬度、强度及耐磨性都有显著提高，但脆性也会增加，并产生很大的内应力。为了降低脆性、消除内应力，必须进行回火。

表 8-1 一些常用钢的淬火加热温度

牌 号	淬火加热温度/℃	牌 号	淬火加热温度/℃
30	870 ~ 890	50CrVA	850 ~ 880
35	850 ~ 870	GCr15	820 ~ 860
45	820 ~ 850	CrWMn	820 ~ 840
70	780 ~ 820	9CrSi	850 ~ 880
T8A	770 ~ 820	9Mn2V	780 ~ 820
T10A	770 ~ 810	Cr12	950 ~ 980
T12A	770 ~ 810	Cr12MoV	1000 ~ 1050
40Cr	830 ~ 860	5CrNiMo	830 ~ 860
40Mn2	810 ~ 850	5CrMnMo	820 ~ 850
40CrMnMo	840 ~ 860	3Cr2W8V	1050 ~ 1100
40CrNiMo	840 ~ 860	W18Cr4V	1260 ~ 1290
65Mn	780 ~ 840	W6Mo5Cr4W2	1200 ~ 1240
60Si2Mn	850 ~ 870		

回火是将淬火后的工件加热（或冷却）到 Ac_1 以下某一温度，保温一定时间，然后冷却到室温的热处理工艺。回火的方式、目的以及适用范围见表 8-2。

表 8-2 回火的方式、目的以及适用范围

回火方式	回火温度/℃	回火目的	适用范围	硬度（HRC）
低温回火	150 ~ 250	降低内应力及脆性，保持高硬度及耐磨性	高碳工具钢、低合金工具钢制作的刀具、量具、冷冲模、滚动轴承及渗碳件等	58 ~ 64
中温回火	350 ~ 450	提高弹性和屈服强度，获得强度和韧性的配合	弹簧、热锻模、冲击工具及刀杆等	35 ~ 45
高温回火	500 ~ 650	获得强度、韧性、塑性及硬度都较好的综合力学性能	重要的结构件、连杆、螺栓、齿轮及轴等	20 ~ 30

另外，还有一种常用的工艺方法叫作调质，所谓调质就是工件淬火并高温回火以形成回火索氏体的热处理工艺。

8.3.2 几种常见设备

1. 加热炉

常用的加热炉有箱式电阻炉、盐浴加热炉和井式加热炉等。

（1）箱式电阻炉 箱式电阻炉通过电阻丝或硅碳棒加热，以空气为加热介质，也被称为空气炉。其炉型表示为 RJX-30-9，其中"R"表示电阻，"J"表示加热，"X"表示箱式，"30"表示额定功率，"9"表示最高加热温度为 950℃。

箱式电阻炉可用于工件的退火、正火、淬火、回火、调质以及固体渗碳等热处理的加热。

（2）盐浴加热炉 盐浴加热炉以熔盐为加热介质，其主要方式是电极加热。常用的熔盐主要有 NaCl、KCl、$BaCl_2$、$CaCl_2$ 和 $NaNO_3$ 等。

2. 冷却设备

使用热处理冷却设备能够保证工件在冷却时具有相应的冷却速度和冷却温度。常用的冷却设备有水槽和油槽等。为了提高生产能力，常配备冷却循环系统和吊运设备，还有冷热处理炉、冷却室和冷却坑等。

3. 测、控温仪表

热处理时，为了准确测量和控制工件及冷却介质的温度，需要测、控温仪表进行测温和控温。

（1）玻璃液体温度计　玻璃液体温度计是根据液体介质（水银、酒精和甲苯等）在玻璃管内受热膨胀的原理进行温度测量的一种仪表，其测量范围为 –100~800℃。该温度计的特点是准确方便，能立刻读取数值，带电接点压力表的还可配继电器实现控制。

（2）热电偶与毫伏计　热电偶由两根成分不同的金属丝或合金丝组成，一端焊接起来插入炉中（热端），另一端（冷端）分开，用导线和毫伏计相连。当热端被加热后与冷端间产生温度差，冷端两线间产生电位差，使带有温度刻度的毫伏计的指针发生偏转，指示温度。

8.4　零件表面处理

在机械设备中，有些零件需要承载扭转和弯曲等交变载荷，以及强烈的摩擦和冲击，如齿轮、凸轮、凸轮轴、主轴和活塞销等，有些零件需要表面具备一定的耐蚀性。为了保证这类零件的正常使用，要求零件的表面具有较高的硬度和耐磨性，而心部要有较好的塑性和韧性。由于这类零件的表面和心部的性能要求不同，通过选材很难解决，一般通过表面处理来实现。

8.4.1　零件的表面淬火

表面淬火是指将工件表层快速加热到奥氏体温度状态，采用某种介质立即冷却，使表面层得到淬火马氏体组织，而心部仍然保持原来组织状态的热处理工艺。

1. 感应淬火

将工件放在通有一定频率的交流电的感应圈内，利用工件内部产生的涡流（感应电流）加热工件本身，然后淬火冷却的热处理工艺。由于工件产生的涡流具有"趋肤效应"，即工件表面电流密度大，中心电流密度小，可很快将工件表面层加热到淬火温度，同时工件心部的温度变化不大。

感应淬火后必须进行回火，可以采用箱式电阻炉或井式加热炉回火、感应加热回火或采用自回火。

2. 火焰淬火

用氧气-乙炔或煤气等火焰加热工件的表面，使其迅速达到淬火温度，然后用水或油将其急速冷却下来的热处理工艺。

8.4.2　零件的化学热处理

1. 渗氮

将氮渗入工件表面的过程叫渗氮。渗氮后的工件表面具有很高的硬度、耐磨性和耐蚀性，但其心部性能不变。渗氮前一般对工件进行调质处理。38CrMoAl 是典型的渗氮钢。

（1）气体渗氮　气体渗氮工艺是将工件装入渗氮炉中，向炉内通入氨气，温度定在 500~560℃。氨气分解产生的氮原子被工件表面吸收并逐渐向内部扩散，形成渗氮层。渗氮层深度一般在 0.07~0.6mm，表面硬度在 500~1200HV 之间。

（2）离子渗氮　离子渗氮工艺是将工件装入真空容器中，工件接阴极，真空容器接阳极。真空容器内通入少量的氨气或氨氮混合气体，两极接 400~600V 的高压直流电。气体被电离后产生的氮和氢的正离子加速冲向工件并撞击工件表面，使工件周围产生辉光，放出热量。氮的正离子在阴极（工件）获得电子后变成活性氮原子渗入工件表面，并向内部扩散形成渗氮层。

2. 碳氮共渗

碳氮共渗是指同时向工件的表面渗入氮和碳的工艺过程。碳氮共渗能提高工件表面的硬度、耐磨性、抗疲劳性、耐蚀性和抗咬合性。

3. 渗碳

渗碳是指向工件的表层渗入碳原子的工艺过程。渗碳后的工件表层面是高碳组织，而心部仍然是原先的低碳组织。工件渗碳后要进行淬火处理。渗碳钢一般为低碳钢或低碳合金钢（碳的质量分数小于或等于 0.25%），如 15、18、20CrMnTi、20Cr 和 20MnVB 等。工件经渗碳、淬火和低温回火后，表层具有较高的硬度、耐磨性和抗疲劳性，而心部仍保持较高的塑性、韧性和一定的强度。

8.4.3　发黑

发黑是将工件放入含有氢氧化钠和硝酸钠（亚硝酸钠）的溶液中加热处理，使其表层生成一层很薄的黑色或黑蓝色的氧化膜的过程。发黑也叫发蓝或煮黑。常见的氧化膜呈黑色或深黑蓝色，个别含锰高的工件呈暗红色。发黑一般用于提高工件的耐蚀性，并能美化外观。在精密仪器、光学仪器和机械制造上得到广泛的应用。

8.5　非金属材料及复合材料

非金属材料包括有机高分子材料和陶瓷材料。有机高分子材料因其原料丰富、成本低且加工方便，目前已得到广泛应用。陶瓷材料具有耐高温、耐蚀和高硬度等独特的优异性能，在工程应用中日益受到重视。

复合材料既保留了组成材料各自的优点，又具有单一材料所没有的新特性，因此复合材料越来越引起人们的重视。

8.5.1　非金属材料

1. 塑料

塑料是高分子材料的一种，是以高分子量的合成树脂为主要成分，加入适当添加剂，如增塑剂、阻燃剂、润滑剂和着色剂等，经加工成型的弹塑性材料，或固化交联形成的刚塑性材料。塑料是 20 世纪的产物，自其问世以来，各方面的应用日益广泛。塑料的品种很多，根据各种塑料的使用特性，通常分为通用塑料、工程塑料和特种塑料 3 种；按受热时的形状又分为热固性塑料与热塑性塑料，前者无法重新塑造使用，后者可以再重复生产。本节主要介绍工程塑料。

（1）工程塑料特点及应用　工程塑料是近几十年发展起来的新型工程材料，具有质量轻、比强度高、韧性好、耐蚀、消声、隔热及良好的减摩、耐磨和电性能等特点。工程塑料是一种原料易得、加工方便、价格低廉，在工农业生产、国防和日常生活的各个领域广泛应用的有机合成材料，其发展速度超过了金属材料。常用的工程塑料有尼龙、酚醛树脂、聚碳酸酯和聚四氟乙烯等。

工程塑料主要用于飞机、汽车、电子电气、家用电器、办公机械和医疗器械等要求轻型化的设备；也可用作对比强度要求高的零件，如车门拉手、保险杠、外护板和操纵杆等；还可用作耐磨性要求高的零件，如轴承、轴瓦、齿轮、凸轮、机床导轨和高压密封圈等。

（2）工程塑料的主要成型方法　工程塑料成型是将各种形态（粉料、粒料、溶液和分散体）的塑料制成所需形状的制品或坯件的过程。工程塑料成型方法的选择主要取决于塑料的类型（热塑性还是热固性）、起始形态以及制品的外形和尺寸。加工热塑性塑料常用的方法有挤出成型、注射成型、压延成型、吹塑成型和热成型等，加工热固性塑料一般采用模压、传递模塑，也可用注射成型。

1）注射成型是利用注射机将熔化的塑料快速注入模具中并固化，从而得到各种塑料制品的方法。几乎所有的热塑性塑料（氟塑料除外）均可采用此法。注射成型具有能一次成型形状复杂件、尺寸精确和生产率高等优点；但设备和模具费用较高，主要用于大批量塑料件的生产。

2）挤出成型是利用螺杆旋转加压的方式，连续地将塑化好的塑料挤进模具，通过一定形状的口模时，得到与口模形状相适应的塑料型材的工艺方法。挤出成型主要用于截面一定、长度长的各种塑料型材，如塑料管、板、棒、片、带材和截面复杂的异形材。它的特点是能连续成型、生产率高、模具结构简单、成本低和组织紧密等。除氟塑料外，几乎所有的热塑性塑料都能挤出成型，部分热固性塑料也可以挤出成型。

2. 橡胶

橡胶是以高分子聚合物为基础的具有高弹性的材料。橡胶与塑料的不同之处是橡胶在很宽的温度范围（-50~150℃）内能处于高弹态，具有优良的伸缩性和储蓄能量的能力，可作为常用的弹塑性材料、密封材料、减振材料和传动材料。经硫化处理和炭黑增强后的橡胶具有高的抗拉强度和疲劳强度，其抗拉强度可达 25~35MPa，并具有不透水、不透气、耐酸碱和电绝缘性能，这些良好性能能使橡胶成为重要的工业原料，应用广泛。

橡胶可分为天然橡胶和合成橡胶。前者主要用于制造轮胎、传送带、胶管、胶板、垫板和密封装置等，后者主要用于制造在高温、低温辐射环境中和在酸、碱及油等特殊介质下工作的制品。

3. 工业陶瓷

工业陶瓷按使用性能分为结构陶瓷、功能陶瓷和生物陶瓷。

（1）结构陶瓷　这类陶瓷具有较好的力学性能，如强度、硬度、耐蚀及耐高温性能等。常用的有 Al_2O_3、SiN_4 和 ZrO_2 等。主要用于生产轴承、球阀、刀具和模具等要求耐磨性及高温性能的各种结构零件。

（2）功能陶瓷　利用无机非金属材料的某些优异的物理和化学性能，如电磁性能、光性能等，用于制作电磁元件的铁氧体、铁电陶瓷，用于电容器的介电陶瓷，用于力学传感器的压电陶瓷以及固体电解质陶瓷等。

（3）生物陶瓷　专指能够作为医学生物材料的陶瓷。这类陶瓷主要用于人牙齿、骨骼系统的修复和替换，如人工骨和人工关节等。

8.5.2　复合材料

复合材料是指由两种以上在物理和化学性能上不同的物质组合起来而得到的一种多相固体材料。复合材料有突出的性能特点：比强度及模量高，疲劳强度高，减振性能好，有较高的耐热性和断裂安全性，以及良好的自润滑性等。但是它也有一定的缺点，如断后伸长率较小，抗冲击性较差，横向强度低，成本较高等。

复合材料的优异性能使其得到较广泛的应用，在航空、航天、交通运输、机械工业、建筑工业、化学工业及国防工业等部门起重要的作用。例如，喷气飞机的机翼、尾翼，直升机的螺旋桨和发动机的油嘴等结构零件都使用了复合材料。

（1）纤维增强复合材料 玻璃纤维增强复合材料具有较高的力学、介电、耐热和抗老化性能，工艺性能优良，常用于制作轴承、齿轮、仪表盘、壳体和叶片等零件；碳纤维增强复合材料常用于制造喷嘴、喷气发动机叶片、导弹的鼻锥体及重型机械轴瓦、齿轮和化工设备的耐蚀件等。

（2）层压复合材料 层压复合材料用于制作无油润滑轴承，也用于制作机床导轨、衬套、垫片等；还常用于航空、船舶和化工等工业，如飞机、船舶等的隔板及冷却塔等。

（3）颗粒复合材料 由一种或多种材料的颗粒均匀分散在基体材料内组成的材料，是一种优良的工程材料。可用于制作硬质合金刀具和拉丝模等。金属陶瓷是一种常见的颗粒复合材料。它具有高硬度、高强度、耐磨损、耐高温、耐蚀和线膨胀系数小等优点。

复合材料的发展非常迅速，其应用范围也在不断扩大。除了聚合物基、金属基和无机非金属基复合材料等"传统"复合材料以外，现在又陆续出现了许多新型复合材料，例如纳米复合新材料和仿生复合材料等，这些材料是当前复合材料新的发展方向。

8.6 热处理安全操作技术规程

8.6.1 热处理的特点

由于热处理工序繁多，要与高温金属相接触，且车间环境一般较差（高温、高烟雾、高噪声和高劳动强度），安全隐患较多，既有人员安全问题，又有设备、产品的安全问题。因此，热处理的安全生产问题尤为突出。

8.6.2 热处理的安全技术规程

1）操作前按有关规定对设备进行检查。
2）操作时必须穿戴必要的防护用品，如工作服、手套和眼镜等。
3）仪器和仪表等未经许可不得随意使用和调整。
4）加热设备和冷却设备之间不得放置任何妨碍操作的物品。
5）地面不得有油污。
6）禁止用手接触有温度的工件，以免造成灼伤。
7）不得进入有标记的危险区域。
8）保持设备和工作场地的整洁。

知识拓展

新中国第一代劳模的铁锤

复习思考题

1. 什么是金属材料的力学性能？4 大力学性能的指标分别是什么？
2. 钢的含碳量范围是多少？
3. 普通碳素结构钢 Q235AF 中的字母及数字各代表什么？
4. 根据石墨在铸铁中的形状，铸铁可分为几类？试说出其性能。
5. 什么是热处理？常用的热处理方法有哪几种？
6. 为降低高碳钢材料的硬度、便于切削加工，应选择何种热处理工艺？
7. 什么是退火？什么是正火？
8. 锉刀、弹簧和车床主轴应分别选择哪些主要热处理工艺以保证其使用性能？
9. 中碳钢齿轮要求表面很硬，心部有足够的韧性，应采用什么热处理工艺？
10. 回火的作用是什么？回火温度对淬火钢的硬度有什么影响？
11. RJX-30-9 中的字母及数字各代表什么？如果把"9"变成"12"或"6"呢？
12. 工程塑料典型的成型方法有哪些？
13. 什么叫复合材料？与传统材料比有什么特点？

第9章　铸　　造

【目的与要求】

1. 了解铸造生产工艺过程、特点和应用。
2. 了解砂型铸造工艺的主要内容。了解铸件分型面的选择，熟悉两箱造型（整模、分模和挖砂等）的特点和应用，能独立完成简单铸件的两箱造型，了解常见铸造缺陷。
3. 了解常用特种铸造方法的特点和应用。
4. 掌握铸造安全操作技术规程。
5. 初步培养铸造缺陷分析与改进能力，通过缺陷诊断提出工艺优化方案，培养问题导向思维。

9.1　概述

铸造行业是制造业的主要组成部分，在国民经济中占有极其重要的地位。铸件在机械产品中所占的比例较大，如内燃机关键零件都是铸件，占总质量的70%～90%，汽车中铸件质量占19%（轿车）～23%（卡车）；机床、拖拉机、液压泵、阀和通用机械中铸件质量占65%～80%；农业机械中铸件质量占40%～70%；矿冶（钢、铁和非铁合金）、能源（火、水和核电等）、海洋和航空航天等工业的重、大、难装备中铸件都占很大的比重和起着重要的作用。

在科学技术不断进步的今天，铸造技术也在不断发展。其他领域的新技术、新发明也不断促进铸造技术的发展。铸造生产的现代化将为制造业的不断进步与发展奠定可靠基础。

9.1.1　铸造的概念及特点

1. 概念

铸造是将液态金属浇入与零件形状相适应的铸型型腔中，待其冷却凝固后获得毛坯或零件的成形方法。所铸出的金属制品称为铸件。大多数铸件作为毛坯，需要经过机械加工后成为各种机器零件使用，也有一些铸件能够达到使用的尺寸精度和表面粗糙度要求，可作为成品零件直接使用。铸造是机械制造中生产毛坯或机器零件的主要方法之一。用于铸造生产的金属主要有铸铁、铸钢以及铸造有色合金。

铸造广泛应用于机械、汽车、电力、冶金、石化、航空、航天、国防和造船等领域。

2. 特点

由于铸造时金属在液态下成形，和其他成形方法相比具有如下优点：

1）可以生产形状复杂，特别是内腔复杂的铸件，如各种箱体、机架和床身等。
2）铸件轮廓尺寸可以从几毫米到几米，质量可以从几克到几十吨，甚至上百吨。
3）投资少，工艺简单，成本低，材料利用率高。
4）工艺适应性广，既可以单件生产，也可以用于大量生产。

然而铸造生产也存在着某些缺点和不足，例如：

1）组织疏松，晶粒粗大，内部易产生缩孔、缩松和气孔等缺陷，力学性能较差。

2）铸造工序多，精度难以控制，质量不够稳定。

3）生产条件差，工人劳动强度高。

9.1.2 常用铸造方法

常用的铸造方法有砂型铸造和特种铸造两类，目前最常用和最基本的铸造方法是砂型铸造。

9.2 砂型铸造

将熔化的金属液注入砂型（用型砂作为造型材料而制作的铸型）中得到铸件的方法称为砂型铸造。

9.2.1 砂型铸造的工艺过程

砂型铸造的主要工序为制造芯盒和模样、制备芯砂及型砂、制芯、造型、合型、铸型及浇注、铸件凝固后开型落砂、表面清理和质量检验等。图9-1所示为套筒铸件生产的工艺过程。

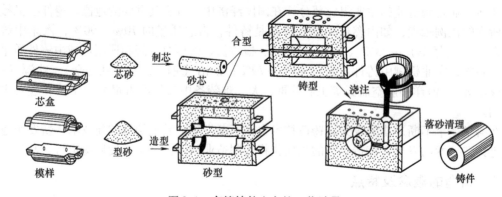

图9-1 套筒铸件生产的工艺过程

9.2.2 砂型准备

1. 砂型的组成

图9-2所示为砂型的组成。砂型一般由上砂型、下砂型、砂芯和浇注系统等部分组成，砂芯中取出模样后留下的空腔称为型腔，上下砂芯间的接合面称为分型面。使用砂芯是为了获得铸件的内孔或异形腔，砂芯的外伸部分称为芯头，用以固定砂芯，铸型中用以固定砂芯芯头的空腔称为芯座。

2. 造型材料

型砂及芯砂是制作砂型及砂芯的主要材料，其性能好坏将直接影响铸件的质量。砂型和砂芯是用型砂和芯砂制造的。用来造型的各种原砂、黏结剂和附加物等原材料，以及由各种原

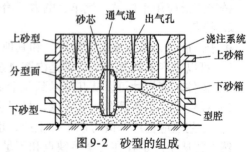

图9-2 砂型的组成

材料配制的型砂、芯砂和涂料等统称为造型材料。造型材料的种类及质量，将直接影响铸造工艺和铸件质量。图 9-3 所示为型砂结构示意图。

（1）型砂与芯砂的组成

1）原砂。组成型砂的主要成分是 SiO_2，其熔点达 1713℃，能承受一般铸造合金的高温作用。铸造用砂要求原砂中 SiO_2 含量为 85% ~97%，砂的颗粒以圆形、大小均匀为佳。

2）黏结剂。在砂型中用黏结剂把砂粒黏结在一起，形成具有一定强度和可塑性的型砂和芯砂。常用的黏结剂有普通黏土、膨润土、水玻璃和树脂等。

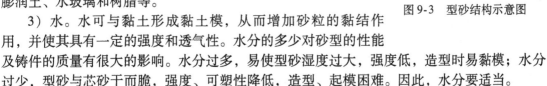

图 9-3 型砂结构示意图

3）水。水可与黏土形成黏土模，从而增加砂粒的黏结作用，并使其具有一定的强度和透气性。水分的多少对砂型的性能及铸件的质量有很大的影响。水分过多，易使型砂湿度过大，强度低，造型时易黏模；水分过少，型砂与芯砂干而脆，强度、可塑性降低，造型、起模困难。因此，水分要适当。

4）附加物。为了改善型（芯）砂的某些性能而加入的材料。常用的附加物有煤粉、锯末和焦炭粒等。如加入煤粉，由于其在高温金属液的作用下燃烧形成气膜，隔离了液态金属与铸型内腔表面的直接作用，防止铸件产生粘砂缺陷，提高铸件的表面质量。而型砂中加入木屑，烘烤后被烧掉，可增加型砂的孔隙率，提高其透气性。

（2）型砂与芯砂应具备的主要性能

1）强度。强度是指型砂抵抗外力而不被破坏的能力。型砂具有一定的强度，可使铸型在起模、翻型、搬运及浇注金属液时不致损坏。砂型强度应适中，否则易导致塌箱、掉砂和型腔扩大等；或因强度过高使透气性、退让性变差，产生气孔及铸造应力倾向增大。

2）透气性。紧实后型砂的孔隙度称为透气性，是指能让气体通过的能力。如果型砂的透气性不足，铸型在浇注高温金属液时产生的大量气体就不能及时顺利地排出型腔，则可造成铸件的气孔和浇注不足等缺陷。

3）耐火性。耐火性指型砂承受金属液高温作用而不熔化、不烧结的性能。如耐火性差，铸件易产生粘砂现象，铸件难以清理和切削加工。一般耐火性与原砂中石英含量有关，石英含量越多，耐火性越好。

4）退让性。型砂随铸件的冷却收缩而被压缩退让的性能称为退让性。若型砂的退让性差，则型砂对铸件收缩形成较大的阻力，使铸件产生大的应力，导致铸件变形，甚至开裂。型砂中加入锯末、焦炭粒等附加物可改善其退让性。砂型紧实度越高，退让性越差。

5）可塑性。可塑性是指型砂与芯砂在外力作用下变形，去除外力后仍能保持这种变形的能力。可塑性好，容易制造出复杂形状的砂型，并且容易起模。

6）流动性。流动性是指型砂在外力或本身重力的作用下，沿模样表面和砂粒间相对流动的能力。

3. 型砂与芯砂的制备

（1）型砂与芯砂的配比　型砂与芯砂质量的好坏，取决于原材料的性质及其配比。型砂与芯砂的组成物应按照一定的比例配制，以保证一定的性能要求。比如小型铸铁件湿型的配比（质量分数）为：新砂 10% ~20%，旧砂 80% ~90%，另加膨润土 2% ~3%，煤粉 2% ~3%，水 4% ~5%。铸铁中小芯砂的配比为：新砂 40%，旧砂 60%，另加黏土 5% ~7%，纸浆 2% ~3%，水 7.5% ~8.5%。

（2）型砂与芯砂的制备　型砂与芯砂的性能还与配砂的操作工艺有关，混制越均匀，型砂与芯砂的性能越好。一般型砂与芯砂的混制是在混砂机中进行的。混制时，按照比例将新砂、旧砂、黏土和煤粉等加入到混砂机中，干混 2～3min，混拌均匀后再加入适量的水或液体黏结剂（水玻璃等）湿混 5～12min 后即可出砂。混制好的型砂或芯砂应堆放 4～5h，使水分分布得更均匀。在使用前还需对型砂进行松散处理，增加砂粒间的空隙。

9.2.3 造型与制芯

造型和制芯是铸造生产过程中两个重要的环节，是获得优质铸件的前提和保证。造型方法可分为手工造型和机器造型两大类。手工造型主要用于单件小批生产，机器造型主要适用于大量大批生产。

1. 手工造型

（1）整模造型　整模造型的特点是模样为整体结构，造型时模样轮廓全部放在一个砂箱内（一般为下砂箱），分型面为平面。造型时，整个模样能从分型面方便地取出。整模造型操作简单，没有上下箱错位而产生的错型缺陷，所得铸型型腔的形状和尺寸精度高，适用于外形轮廓上有一个平面可作分型面的简单铸件，如压盖、齿轮坯、轴承座和带轮等零件的铸型的造型。图 9-4 所示为整模造型工艺过程。

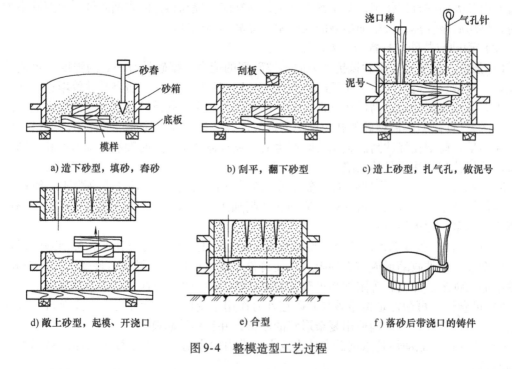

a) 造下砂型，填砂，春砂　　b) 刮平，翻下砂型　　c) 造上砂型，扎气孔，做泥号

d) 敞上砂型，起模、开浇口　　e) 合型　　f) 落砂后带浇口的铸件

图 9-4　整模造型工艺过程

（2）分模造型　铸件的最大截面不在端面时，一般将模样沿着模样的最大截面（分模面）分成两个部分，利用这样的模样造型称为分模造型。有时对于结构复杂、尺寸较大、具有几个较大截面又互相影响起模的模样，可以采用分模造型将其分成几个部分。模样的分模面常作为砂型的分型面。分模造型的方法简便易行，适用于形状复杂铸件的造型，特别是广泛用于有孔或型芯的铸件，如套筒、阀体、水管、箱体和立柱等造型。分模造型时铸件形状在两个半砂型中形成，为了防止错箱，要求上、下砂型合型准确。

（3）活块造型　模样上有妨碍起模的突起（凸台、肋板和耳板等），在制作模样时将这些部分制成可拆卸或活动的部分，用燕尾槽或活动销连接在模样上，起模或脱芯后，再将活块取出，这种造型方法称为活块造型。活块造型的优点是可以减少分型面数目，减少不必要的挖砂工作；缺点是操作复杂，生产率低，经常会因活块错位而影响铸件的尺寸精度。因此，活块造型一般只适用于单件小批量生产。

（4）挖砂造型 当铸件的最大截面不在一端，而模样又不便分模时（如分模后的模样太薄，强度太低，或分模面是曲面等），则只能将模样做成整模，造型时挖掉妨碍起模的型砂，形成曲面的分型面，称为挖砂造型。在挖砂造型时，挖砂的深度要挖到模样的最大截面处，挖制的分型面应光滑平整，坡度合适，以便开型和合型操作。由于挖砂造型的分型面是一个曲面，在上砂型形成部分吊砂，因此必须对吊砂进行加固。加固的方法是：当吊砂较低较小时，可插铁钉加固；当吊砂较高较大时，可用木片或砂钩进行加固。

（5）假箱造型 为了克服挖砂造型的缺点，提高生产率，在造型时可用成型底板代替平面底板，并将模样放置在成型底板上造型以省去挖砂操作。也可以用含黏土量多、强度高的型砂春紧制成砂质成型底板，可称之为假箱，以代替平面底板进行造型，称为假箱造型。

（6）刮板造型 刮板造型是指不用模样而用刮板操作的造型方法。刮板是一块与铸件截面形状相适应的木板，依据砂型型腔的表面形状，引导刮板做旋转、直线或曲线运动，完成造型工作。对于某些特定形状的铸件，如旋转体类，当其尺寸较大、生产数量较少，若制作模样则要消耗大量木材及制作模样的工时，可以用刮板造型，刮制出砂型型腔。刮板造型只能用手工操作，对操作技术要求较高，一般只适合于单件小批量、尺寸较大铸件的造型。

（7）三箱造型 有些铸件具有两端截面比中间大的外形（例如槽轮），必须使用3个砂箱、分模造型。砂型从模样的两个最大截面处分型，形成上、中、下3个砂型才能起出模样。这种用3个箱、铸型有两个分型面的造型方法称为三箱造型。三箱造型比两箱造型多一个分型面，容易产生错箱。这种方法操作复杂、效率低，只适合单件或小批量生产。

（8）地坑造型 用车间地面的砂坑或特制的砂坑制造下砂型的造型方法叫地坑造型。地坑造型制造大铸件时，常用焦炭垫底，再埋入数根通气管以利于气体的排出。地坑造型可以节省砂箱，降低工装费用。地坑造型过程复杂、效率低，故主要用于中、大型铸件的单件或小批量生产。

2. 机器造型

机器造型以机器全部或部分代替手工紧砂和起模等造型工序，并与机械化砂处理、浇注和落砂等工序共同组成流水线生产。机器造型可以大大提高生产率，改善劳动条件，具有铸件质量好、加工余量小和生产成本低等优点。尽管机器造型需要投入专用设备、模样、专用砂箱以及厂房环境等，投资较大，但在大批量生产中铸件的成本仍能显著降低。

机器造型在紧砂、起模等主要工序实现了机械化。为了适应不同形状、尺寸和不同批量铸件的生产需要，对紧砂、起模的方式要求也不同，因此对造型机等设备提出了更高的要求。

（1）紧砂方法 机器造型常用的紧砂方法主要有振压紧实、抛砂紧实等。

1）振压紧实。振压式造型机是利用压缩空气使振击活塞多次振击，将砂箱下部的砂型紧实，再用压实气缸将上部的砂型压实。其特点是振压力大，但是工作时噪声大，振动大，劳动条件差。紧实后的砂箱内，各处的紧实程度不均匀。

2）抛砂紧实。抛砂紧实机紧砂是将型砂高速抛入砂箱中，这样同时完成添砂和紧砂工作。如图9-5所示，转子高速旋转，将型砂抛向砂箱，随着抛砂头在砂箱上方移动，将整个砂箱填满并紧实。由于抛砂机抛出的砂团速度大致相同，所以砂箱各处的紧实程度均匀。此外，抛砂造型不受砂箱大小的限制，适用于生产大、中型铸件。

103

（2）起模方法　机器造型常用的起模方法主要有顶箱起模、漏箱起模和翻箱起模等方法。

1）顶箱起模。当砂箱中砂型紧实后，造型机的顶箱机构顶起砂型，使模样与砂箱分离，完成起模。这种起模机构结构简单，但是起模时容易掉砂，一般只适用于形状简单、砂型高度不大的铸型的制造。

2）漏箱起模。模样分成两个部分，模样上平浅的部分固定在模板上，凸出部分可向下抽出，这时砂型由模板托住不会掉砂，然后再落下模板。这种方法适合于铸型的型腔较深或不允许有起模斜度时的起模。

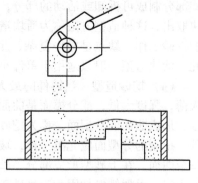

图9-5　抛砂紧实

3）翻箱起模。砂箱中砂型紧实后，起模时，将砂箱、模样一起翻转180°，然后再使砂箱下降，完成起模工作。

3. 制芯

（1）砂芯的用途及要求　砂芯的主要作用是形成铸件的内腔，也可用来形成复杂的外形。在浇注过程中，砂芯的表面被高温金属液包围，同时受到金属液的冲刷，工作环境条件恶劣，所以要求砂芯比砂型有更高的强度、耐火性、退让性和透气性，以确保铸件质量，并便于清理。

（2）制芯工艺措施　为了保证砂芯的尺寸精度、几何精度、强度、透气性和装配稳定性，造芯时应根据砂芯的尺寸大小、复杂程度及装配方案采取以下措施：

1）放置芯骨。在砂芯中放置芯骨，可以提高砂芯的强度，并便于吊运及下芯。小型芯骨可以用铁丝、铁钉等制成，大、中型芯骨一般用铸铁浇注而成，并在芯骨上做吊环，以便运输。

2）开通气孔。为了提高通气性，在砂芯内部应开设通气孔，并且各部分通气孔要互相贯通，以便迅速排出气体。形状简单的砂芯可用通气针扎出通气孔，对于形状复杂的砂芯可预埋蜡线，熔烧后形成通气孔，或在两半砂芯上挖出通气槽等。

3）刷涂料。在砂芯表面涂刷耐火材料，防止铸件粘砂。铸铁件用砂芯一般采用石墨作为涂料，铸钢件用砂芯一般用石英粉作为涂料，非铁合金铸件的砂芯可用滑石粉涂料。

4）烘干。将砂芯烘干以提高砂芯的强度和透气性。根据砂芯所用芯砂的配比不同，砂芯的烘干温度也不一样。黏土砂芯的烘干温度为250°～350°，油砂芯的烘干温度为180°～240°。

（3）制芯方法　砂芯一般是用芯盒制成的，芯盒的空腔形状和铸件的内腔相适应。根据芯盒的结构，手工制芯方法可以分为下列三种：

1）对开式芯盒制芯。适用于圆形截面的较复杂砂芯，如图9-6所示。

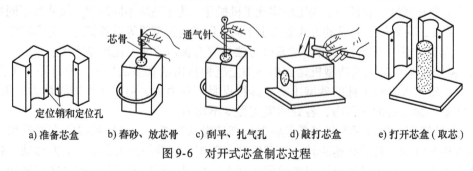

a）准备芯盒　　b）舂砂、放芯骨　　c）刮平、扎气孔　　d）敲打芯盒　　e）打开芯盒（取芯）

图9-6　对开式芯盒制芯过程

2）整体式芯盒制芯。适用于形状简单的中、小砂芯。

3）可拆式芯盒制芯。对于形状复杂的中、大型砂芯，当用整体式和对开式芯盒无法取芯时，可将芯盒分成几块，分别拆去芯盒取出砂芯。芯盒的某些部分还可以做成活块。

成批大量生产的砂芯可用机器制出。黏土、合脂砂芯多用振击式造芯机制芯，水玻璃砂芯可用射芯机制芯，树脂砂芯需用热芯盒射芯机和壳芯机制芯。

9.2.4　模样与芯盒的制造

模样是用来形成铸型型腔的，其形状应与铸件外形相似。芯盒是用来制造型芯的，型芯是形成铸件内腔的，其形状应与铸件内腔相似。模样一般是用木材、金属、塑料或其他材料制成的。

1. 制模设备与工具

（1）设备　有锯床、车床、刨床与铣床等。

（2）工具　有各种手锯、手刨、铲子、钻头、斧头与车刀等。

（3）量具、划具　有直角尺、缩尺与划线规等。

2. 制模要点

（1）浇注位置与分型面　浇注位置是指铸件在浇注时所处的位置。分型面是指上砂型与下砂型的分界面。两者的选择不仅关系到铸件的质量，还关系到操作复杂和困难与否的问题。其分型面确定原则是：

1）整个铸件尽量在同一砂箱内以减少错箱的可能性和提高铸件的精度。

2）分型面尽量是平直面，但必须是最大截面。

3）尽量减少分型面型芯、活块的数量。

4）有利于型芯的固定、排气和开箱检查。

（2）加工余量　加工余量是铸件为进行切削加工而增大的尺寸，铸件上凡需加工的表面都需留有适当的切削加工余量。此外，铸件上的小孔，直径在 $\phi20 \sim \phi30mm$ 以下者一般均不铸出，留待加工。铸件上如有小的凹槽与台阶也不铸出，留待机械加工时加工。

（3）起模斜度　为便于模样从砂型中取出，不致破坏砂型，模样侧壁顺着起模方向均应留有斜度，称为起模斜度。垂直壁越高，斜度越小。

（4）铸造圆角　模样上一个表面与相邻的另一个表面之间的交角应尽可能做成圆角，防止铸件应力集中而引起裂纹。消除砂型上较难捣实的、脆弱的且易于损坏的尖锐角。

（5）型芯头　高度较大的孔必须采用型芯，型芯上一般都设有芯头，作为在砂型中固定型芯之用。这样在模样上相应的地方应做出凸出的部分，使得在铸型中形成固定型芯头的孔腔，这种孔腔称为型芯座。

（6）收缩余量　木模图与铸造工艺图外形相似但尺寸不同，这是因为金属注入铸型后，冷凝时发生收缩，所以模型上的尺寸应加上收缩余量。

9.2.5　浇注系统的设置

为保证液态金属平稳地流入型腔，避免冲坏铸型，防止熔渣、砂粒等杂物进入型腔，并补充铸件因冷凝而引起收缩的金属液体，在造型过程中应开设一系列的通道，这些通道称为浇注系统。

1. 浇注系统的组成

浇注系统由外浇口、直浇道、横浇道以及内浇道 4 部分组成，如图 9-7 所示。

（1）外浇口　可单独制作或直接在铸型中形成。用于容纳浇入的金属液，减缓液流冲击，分离熔渣并防止气体随液流带入型腔。小型铸件通常为浇口杯，较大型铸件为浇口盆。

（2）直浇道　浇注系统中的垂直通道称为直浇道。直浇道通常有一定的锥度，防止气体吸入并便于起模。直浇道中的金属产生的静压力将有利于金属的充型，以获得完整的铸件。直浇道下面带有圆形的窝座称为直浇道窝，用来减缓金属液的冲击力，使其平稳地进入横浇道。

（3）横浇道　浇注系统中连接直浇道与内浇道的水平部分称为横浇道。横浇道的主要作用是分配金属液进入内浇道，并起挡渣作用。横浇道一般位于内浇道上部，断面多为梯形。

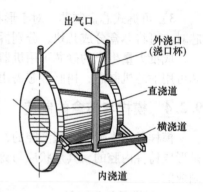

图 9-7　典型的浇注系统

（4）内浇道　浇注系统中引导液态金属进入型腔的部分称为内浇道。内浇道是熔融金属直接流入型腔的通道。其主要作用是控制金属液进入型腔的速度和方向，调节铸件各部分冷却速度。内浇道一般开设在下砂型分型面上，并注意使金属液切向流入，不要正对型腔或型芯，以免冲坏铸型。

2. 浇注系统的类型

（1）顶注式　内浇道设在铸件顶部。顶注式浇道使金属液自上而下流入型腔，利于充满型腔和补充铸件收缩，但充型不平稳，会引起金属飞溅、吸气、氧化及冲砂等问题。顶注式适用于高度较小、形状简单的薄壁件，易氧化合金铸件也宜采用。

（2）底注式　内浇道设在型腔底部。金属液从下而上平稳充型，易于排气，多用于易氧化的有色金属铸件及形状复杂、要求较高的黑色金属铸件，底注式浇道使型腔上部的金属液温度低，而下部高，故补缩效果差。

（3）中间注入式　中间注入式浇道是介于顶注式和底注式之间的一种浇道，开设方便，应用广泛。它主要用于一些中型、水平尺寸较大的铸件的生产。

（4）阶梯式　阶梯式浇道沿型腔不同高度开设内浇道，金属液首先从型腔底部充型，待液面上升后，再从上部充型。它兼有顶注式和底注式浇道的优点，主要用于高大铸件的生产。

3. 浇注系统的设置要求

合理地设置浇注系统，能够较大限度地避免铸造缺陷的产生，保证铸件质量，对浇注系统的设置要求为：

1）使金属液平稳、连续且均匀地进入铸型，避免冲击砂型和砂芯。

2）防止熔渣、砂粒或其他杂物进入铸型。调节铸件各部分温度分布，控制冷却和凝固顺序，避免缩孔、缩松及裂纹的产生。

9.2.6　冒口与冷铁

1. 冒口

对于大铸件或收缩率较大的合金铸件，由于凝固时收缩大，如不采取适当的措施，一般会在铸件最后凝固的位置出现缩孔和缩松现象。冒口的设置就是补充铸件凝固时所需要的金属液，使缩孔进入冒口中。冒口即为在铸型内用以储存金属液的空腔，习惯上把冒口所铸成的金属实体也称为冒口。

冒口应设在铸件厚壁处、最后凝固的部位，并应比铸件晚凝固。冒口形状多为圆柱形或球形。常用的冒口分为两类，即明冒口和暗冒口，如图 9-8 所示。

（1）明冒口 冒口的上口露在铸型外的称为明冒口，从明冒口中看到金属液冒出时，即表示型腔被浇满。明冒口的优点是有利型内气体排出，便于从冒口中补加热金属液。缺点是明冒口消耗金属液多。

（2）暗冒口 位于铸型内的冒口称为暗冒口。浇注时看不到金属液冒出。其优点是散热面小，补缩效率比同等大小的明冒口高，利于减小金属消耗。一般情况下，铸钢件常用暗冒口。

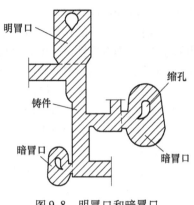

图9-8 明冒口和暗冒口

2. 冷铁

为增加铸件局部的冷却速度，在砂型、砂芯表面或型腔中安放的金属物称为冷铁。砂型中放冷铁的作用是加大铸件厚壁处的凝固速度，消除铸件的缩孔、裂纹并提高铸件的表面硬度与耐磨性。冷铁可单独用在铸件上，也可与冒口配合使用，以减少冒口的尺寸或数目。

9.2.7 合型

将上砂型、下砂型、砂芯和浇口杯（浇口盆）等组合成一个完整铸型的操作过程称为合型，又称合箱组型。合型是制造铸型的最后一道工序，直接关系到铸件的质量。即使铸型和砂芯的质量很好，若合型操作不当，也会引起气孔、砂眼、错箱、偏芯、飞边和跑火等缺陷。合型应保证型腔的几何形状和尺寸准确、砂芯安放牢固等。

9.3 铸造合金的熔炼、浇注和落砂

凡是能用于生产铸件的合金都称为铸造合金。常用的铸造合金有铸铁、铸钢和有色金属。铸造合金的熔炼是生产优质铸件的关键环节之一。优质合格的金属液是优质合格铸件的基本保证，金属熔炼与浇注控制不当会造成铸件的成批报废。合格的铸造合金不仅要求有理想的成分与浇注温度，而且要求金属液有较高的纯净度（夹杂物、含气量要少）。

9.3.1 铸造合金的熔炼

1. 铸铁的熔炼

铸铁是应用最多的铸造合金。一般来说，铸铁的熔炼应符合以下要求：铁液的化学成分要符合要求，铁液的温度要足够高，熔化效率高，节约能源。

熔炼铸铁的设备有冲天炉、感应电炉和电弧炉等，最常用的是冲天炉。用冲天炉熔化的铁液质量不如电炉，但冲天炉具有结构简单、操作方便、燃料消耗少、成本低、熔化效率高，而且能连续生产的优点。

（1）冲天炉的构造 冲天炉是圆柱形竖式炉，由炉体、火花捕集器、前炉、加料装置和送风装置5部分构成，冲天炉的构造如图9-9所示。

1）炉体。包括烟囱、加料口、炉身、炉腔、炉底和支柱等部分。它主要的作用是完成炉料的预热、熔化。自加料口下沿至第一排风口中心线之间的炉体高度称为有效高度，即炉身的高度，是冲天炉的主要工作区域。炉身的内腔称为炉腔。

2）火花捕集器。为炉顶部分，起除尘作用。废气中的烟尘和有害气体聚集于火花捕集

器底部，由管道排出。

3）前炉。前炉的作用是储存铁液并使之成分、温度均匀。上面有出铁口、出渣口和窥视口。前炉中的铁液由出铁口放出，熔渣则由出渣口放出。

4）加料装置。包括加料机和加料桶，它的作用是把炉料按配比、分量、分批地从加料口送进炉内。

5）送风装置。包括进风管、风带、风口及鼓风机的输出管道，其作用是将一定量空气送入炉内，供底焦燃烧用。风带的作用是使空气均匀、平稳地进入各风口。冲天炉广泛应用多排风口，每排设 4～6 个小风口，沿炉膛截面均匀分布。

（2）炉料　炉料是熔炼铸铁所用的原材料总称，一般由金属炉料、燃料和熔剂 3 部分组成。

1）燃料。冲天炉主要的燃料是焦炭，燃烧的焦炭为铸铁熔炼提供热量。焦炭中碳的含量、发热量和强度要高，块度适中，挥发物、硫等的含量要少。其用量一般为金属炉料质量的 1/12～1/8，这个比值称焦铁比。

2）熔剂。熔剂的作用是造渣。在熔化的过程中，熔剂与炉料中有害物质形成熔点低、密度小、易于流动的熔渣，以便排除。常用的熔剂有石灰石（$CaCO_3$）或萤石（CaF_2），块度比焦炭略小，加入量为焦炭质量的 25%～30%。

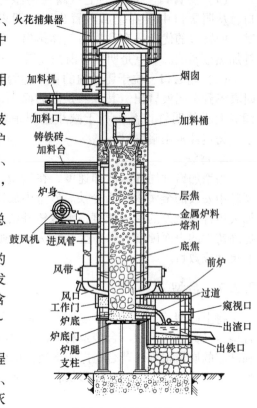

图 9-9　冲天炉的构造

（3）冲天炉的铸铁熔炼　冲天炉是利用对流的原理对炉料进行熔化的。在冲天炉熔化炉料的过程中，炉料从加料口装入，自上而下运动，被上升的热炉气预热，并在熔化带（在底焦顶部，温度约 1200℃）开始熔化。铁液在下落过程中又被高温炉气和炽热的焦炭进一步加热（称过热），温度可达 1600℃ 左右，经过过道进入前炉。此时温度稍有下降，最后出炉温度约为 1360～1420℃。从风口进入的风和底焦燃烧后形成的高温炉气是自下而上流动的，最后变成废气从烟囱中排出。

冲天炉内铸铁的熔化过程不仅是一个金属炉料的重熔过程，而且是炉内铁液、焦炭和炉气之间产生的一系列物理、化学变化的过程。一般铁液由于和炽热的焦炭接触，含碳量有所增加，硅、锰等合金元素的含量由于燃烧氧化有所下降，有害元素磷的含量基本不变，由于焦炭中的硫熔于铁液使硫的质量分数增加约 50%，所以，用冲天炉熔化时要获得低硫铁液是比较困难的。影响冲天炉熔化的主要因素是底焦的高度和送风强度等，必须合理控制。

2. 铸钢的熔炼

铸钢是碳的质量分数小于 2.11% 的铁碳合金，代号为"ZG"。铸钢的强度、韧性、塑性、耐热性和焊接性都比铸铁高。铸钢的缺点是铸造性能差、生产工艺和熔炼设备复杂。铸钢分为铸造碳钢和铸造合金钢。按含碳量的高低，碳钢又可分为低碳钢（碳的质量分数不大于 0.25%）、中碳钢（碳的质量分数为 0.25%～0.60%）、高碳钢（碳的质量分数大于 0.6%）。"ZG200—400"表示铸钢，其碳的质量分数约为 0.25%。合金钢是为了改善和提高铸钢件的某些性能，加入某种合金元素熔炼而成的。钢中加入铬、钨、钼和钒等元素可提高钢的硬度和耐磨性，用于制造刀具和模具。

铸钢的铸造性能比铸铁差（流动性差、体收缩与线收缩大且氧化与吸气倾向大），熔点高，对成分控制及冶金质量的要求高。铸钢一般采用电弧炉、感应电炉、平炉、转炉、电渣炉及等离子炉等设备生产，更加注重钢液的冶炼过程。

电弧炉利用从炉顶上方插入的并可自动调节的石墨电极与钢料之间产生的高温电弧将钢料熔化。电弧炉开炉、停炉简便，容易操作。电弧炉熔炼周期短，能严格控制钢液的化学成分，适合熔炼优质钢和合金钢。

此外，采用中频感应电炉能熔炼各种高级合金钢和含碳量极低的钢。感应电炉的熔炼速度快、合金元素烧

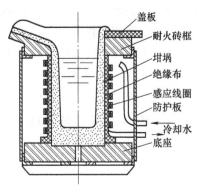

盖板
耐火砖框
坩埚
绝缘布
感应线圈
防护板
冷却水
底座

图 9-10 中频感应电炉结构示意图

损小、能源消耗少且钢液质量高，即杂质含量少、夹渣少，适于小型铸钢车间采用。图 9-10 所示为中频感应电炉结构示意图。

3. 有色合金的熔炼

工程中常采用的有色金属有铝、镁、铜、锌、铅和锡等。铸造有色合金有铸造铝合金和铸造铜合金等。铸造铝合金是以铝为基体的铸造合金，铸造铝合金的代号为"ZAl"。"ZAlSi12"表示硅的质量分数约为 12% 的铝硅合金。铸铝具有一定的力学性能，还具有优良的电导性和导热性。它质量轻、塑性高且耐腐蚀，广泛用于制造仪表、泵、内燃机与飞机等的零件。铸造铜合金按其主要组成和性能分为两大类：铸造青铜和铸造黄铜。黄铜是指以锌为主要合金元素的铜基合金，为提高强度加入锰等元素的称为高强度锰黄铜，加入镍等元素的称为白铜。

铸造有色合金大多熔点低、易吸气和氧化，多用坩埚炉熔炼。熔炼铜合金多用石墨坩埚，熔炼铝合金常用铸铁坩埚。熔炼时，合金置于用焦炭、油或电加热的坩埚中，并用熔剂覆盖，靠坩埚的热传导使合金熔化。最后还需将去气剂或惰性气体通入熔化的金属液中，进行去气精炼。精炼完毕，立即取样浇注试块。

9.3.2 铸件的浇注

将熔融金属从浇包浇入铸型的过程称为浇注。浇注也是铸造生产中的一个重要环节。如果浇注操作不当，铸件将会产生浇不到、冷隔、缩孔、气孔和夹渣等缺陷。

为了获得合格的铸件，除正确的造型、熔炼合格的铸造合金熔液外，浇注温度的高低、浇注速度的快慢也是保证铸件质量的重要因素。

合金熔液浇入铸型时的温度称为浇注温度。较高的浇注温度能保证合金熔液的流动性能，有利于夹杂物的积聚和上浮，减少气孔和夹渣等缺陷。但过高的浇注温度会使铸型表面烧结，铸件表面容易粘砂，合金熔液氧化严重，熔液中含气量增加，冷凝时收缩量增大，铸件易产生气孔、缩孔、热应力大和裂纹等缺陷。浇注温度过低，合金熔液的流动性变差，又容易产生浇不到和冷隔等缺陷。所以，应在保证获得轮廓清晰铸件的前提下，采用较低的浇注温度。一般来说，铸铁的浇注温度在 1340℃ 左右；碳钢的浇注温度在 1500℃ 左右；锡青铜的浇注温度在 1200℃ 左右；铝硅合金的浇注温度在 700℃ 左右。

单位时间内注入铸型中合金熔液的质量称为浇注速度。较快的浇注速度可使合金熔液很快地充满型腔，减少氧化程度，但过快的浇注速度易冲坏砂型。较慢的浇注速度易于补缩，

获得组织细密的铸件，但过慢的浇注速度易产生夹砂、冷隔、浇不到等缺陷。所以，在操作过程中，应根据合金的种类、铸型的结构复杂程度等因素合理地选择浇注速度。一般来说，薄壁铸件应采用较快的浇注速度，厚壁铸件应采用快慢结合的浇注速度。

浇注工作组织的好坏，浇注工艺是否合理，不仅影响到铸件质量，还涉及工人的安全。浇注前要准备足够数量的浇包。先把浇包内衬修理光滑平整并烘干，整理场地，使浇注场地有通畅的过道且无积水，浇注时要严格遵守浇注的操作规程。

9.3.3 铸件的落砂与清理

1. 铸件的落砂

将浇注成形后的铸件从砂型中分离出来的工序称为落砂。铸件在砂型中应冷却到一定温度才能落砂。如落砂过早，高温铸件在空气中急冷，易产生变形和开裂，表面也易氧化或形成白口，难以切削加工。如落砂过晚，过久地占用生产场地和砂箱，不利于提高生产率。落砂的方法有手工落砂和机器落砂两种。中、小铸造厂一般用手工落砂。批量生产时可采用振动、抛丸、高压水等机器落砂方法。

2. 铸件的清理

铸件清理包括去除浇冒口、清除型芯、清砂、修整等。

（1）去除浇冒口　脆性铸件如灰铸铁件的浇冒口可用铁锤直接敲掉，敲打浇道时应注意锤击方向（图9-11），以免将铸件敲坏；铸钢等韧性较好的铸件，可用气割切除；有色金属铸件多用锯割。

（2）清除型芯　铸件内腔的芯砂可用钩铲、风铲、钢钎、钢凿和锤子等工具手工铲除，或适当敲击铸件，振落芯砂。机械清理可采用振动落砂、水力清砂和水爆清砂等方法。

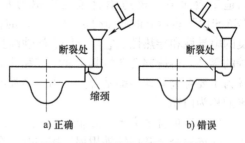

图9-11　脆性铸件浇冒口的敲打

（3）清砂　对小型铸件表面粘砂，一般采用清理滚筒或喷砂机清理；对大、中型铸件常采用抛丸机清理。

（4）修整　飞边、毛刺和浇冒口等，一般使用錾子、锉刀、风铲及砂轮等修整。

9.4 铸件质量检验与缺陷分析

9.4.1 铸件质量检验

铸件质量包括内在质量和外观质量。内在质量包括化学成分、物理和力学性能、金相组织以及存在于铸件内部的孔洞、裂纹和夹杂物等缺陷；外观质量包括铸件的尺寸精度、几何精度、表面粗糙度、质量偏差及表面缺陷等。根据产品的技术要求，应对铸件质量进行检验，常用的检验方法有外观检验、无损探伤检验、金相检验及水压试验等。

9.4.2 铸件缺陷分析

在铸造生产过程中，由于种种原因，在铸件表面和内部产生的各种缺陷总称为铸件缺陷。按铸件缺陷性质不同，通常可以分为以下8个方面：多肉类缺陷、孔洞类缺陷、裂纹和冷隔类缺陷、表面缺陷、残缺类缺陷、形状和质量差错类缺陷、夹杂类缺陷以及成分、组织和性能不合格类缺陷等。表9-1 为常见的铸件缺陷及缺陷产生的原因。

表9-1 常见的铸件缺陷及缺陷产生原因

类别	缺陷名称及特征	简 图	产生原因
孔洞类缺陷	气孔：铸件内部或表面有大小不等的孔眼，孔的内壁光滑，多呈圆形		造型材料水分过多或含有大量发气物质；型砂透气性差；铁液温度过低；砂芯透气孔堵塞或砂芯未烘干；浇注温度过低；浇注系统不合理，气体无法排出等
	缩孔：铸件最后凝固的部位出现的形状极不规则、孔壁粗糙的孔洞，多产生在壁厚处		浇注系统和冒口设置不合理，不能保证顺利凝固；铸件设计不合理，壁厚不均匀；浇注温度过高，铁液成分不准，收缩太大
	砂眼：铸件内部或表面带有砂粒的孔洞，形状不规则		型砂和砂芯的强度不足，砂太松，起模或合型时未对准，砂型被破坏；浇注系统不合理，浇注时砂型或砂芯被冲坏；铸件结构不合理，砂型或砂芯局部薄弱，被铁液冲坏
	渣眼：铸件浇注时上表面充满熔渣的孔洞，常与气孔并存，大小不一，成群集结		浇注时挡渣不良，熔渣随金属进入型腔；外浇口未注满或断流导致熔渣和金属液进入型腔；铁液温度过低，流动性不好，熔渣不易浮出
裂纹和冷隔类缺陷	裂纹：铸件开裂，裂纹处金属表面呈氧化色，外形不规则		铸件结构不合理，壁厚差太大；浇注温度太高，导致冷却速度不均匀；浇注位置选择不当，冷却顺序不对；砂型太紧，退让性差等
	冷隔：铸件有未完全熔合的缝隙，交接处多呈圆形，一般出现在离内浇道较远处、薄壁处或金属汇合处		铁液温度太低，浇注速度太慢，因表层氧化未能熔为一体；浇口太小，或布置不合理；铸件壁太薄，砂型太湿，含发气物质太多等
表面缺陷	机械粘砂：铸件表面附着一层砂粒和金属的机械混合物，使表面粗糙		浇注温度过高，未刷涂料或刷得不足；砂型的耐火性不够；砂粒粗细不合适；砂型的紧实度不够，砂太松
	夹砂结疤：铸件表面产生的疤片状金属突起物，表面粗糙，边缘锐利，在金属片和铸件之间夹有一层型砂	金属片状物	型砂热强度较低，型腔表层受热膨胀后易鼓起或开裂；型砂局部紧实度过大，水分过多，水分烘干后易出现脱皮；内浇道过于集中，使局部砂型烘烤温度过高；浇注温度过高，浇注速度过慢

（续）

类别	缺陷名称及特征	简　图	产生原因
残缺类缺陷	浇不到：铸件残缺或铸件轮廓不完整，或轮廓虽完整，但边角圆且光亮。常出现在远离浇口的位置及薄壁处		浇注温度太低；熔融金属量不足；浇口太小或未开排气孔；铸件设计得太薄等
形状和质量差错类缺陷	错箱：铸件的一部分与另外一部分在分型面处相互错开		合型时上下砂型未对准；砂箱的标线或定位销未对准；分型的上下模未对准等
形状和质量差错类缺陷	偏芯：型芯位置偏移，引起的铸件形状及尺寸不合格		型芯变形或安放位置偏移；型芯尺寸不准或固定不准；浇口位置不对，铁液冲偏了型芯

（1）多肉类缺陷　铸件表面各种多肉缺陷的总称，包括飞边、毛刺、抬型、胀砂、冲砂和掉砂等缺陷。这类缺陷影响铸件的外观质量，增加铸件的清理成本。

（2）孔洞类缺陷　在铸件表面和内部产生不同形状、大小的孔洞类缺陷的总称，包括气孔、缩孔、缩松、疏松和渣眼等缺陷。这类缺陷会降低铸件的力学性能，影响铸件的使用性能，而且常位于铸件内部，不容易被发现，因此危害最大。其中以气孔和缩孔最为常见，对铸件的质量影响很大。

（3）裂纹和冷隔类缺陷　包括冷裂、热裂、热处理裂纹、白点、冷隔和浇注断流等缺陷。这类缺陷极大地降低了铸件的力学性能，严重时将导致铸件报废，其中以热裂最为常见。

（4）表面缺陷　铸件表面产生的各种缺陷的总称，包括鼠尾、沟槽、夹砂结疤、机械粘砂、化学粘砂和表面粗糙等缺陷。这类缺陷影响铸件的表面质量，并增加铸件清理的工作量。

（5）残缺类缺陷　铸件由于各种原因造成的外形缺损缺陷的总称，包括浇不到、未浇满、跑火、型漏和损伤等缺陷。这类缺陷通常会导致铸件的报废，而且还可能危害操作者的人身安全。

（6）形状和质量差错类缺陷　包括拉长、超重、变形、错型、错芯和偏芯等缺陷。这类缺陷影响铸件的表面质量，并增加铸件清理的工作量。

（7）夹杂类缺陷　夹杂是铸件中各种金属和非金属杂物的总称。通常是氧化物、硫化物和硅酸盐等杂质颗粒机械地保留在固体金属内，或凝固时在金属内形成，或在凝固后的反应中形成。这类缺陷降低铸件的力学性能，影响铸件的使用性能，缩短铸件的使用寿命。

（8）成分、组织和性能不合格类缺陷　包括亮皮、菜花头、石墨漂浮、石墨集结、组织粗大、偏析、硬点、反白口和脱碳等缺陷。这类缺陷影响铸件的切削加工性能和使用性能。

9.5 特种铸造

砂型铸造因其适应性广、成本低廉而得到广泛应用。但砂型铸造的精度低、表面质量差、加工余量大且生产率低，很难满足各种类型生产的需求。为了满足生产的需要，往往采用其他一些铸造方法。这些除砂型铸造以外的所有铸造方法统称为特种铸造。常用的特种铸造方法有金属型铸造、压力铸造、熔模铸造、离心铸造和消失模铸造等。

9.5.1 金属型铸造

金属型铸造是指在重力作用下，将液态金属浇入用金属材料制成的铸型而获得铸件的一种铸造方法。

金属型铸造可实现一型多铸，提高了生产效率，且节约造型材料；铸件精度和表面质量较高，铸件组织致密，力学性能好。金属型铸造适于生产大批量有色金属铸件。

9.5.2 压力铸造

压力铸造是将液态或半液态金属在高压的作用下，以极快的速度充填压铸型的型腔，并在高压作用下快速凝固而获得铸件的一种铸造方法，简称压铸。压力铸造适于有色金属薄壁复杂铸件的大批量生产。

9.5.3 熔模铸造

熔模铸造是用易熔材料制成模样，然后在模样上涂上若干层耐火涂料制成型壳，经硬化后再将模样熔化，排出型外，经过焙烧后浇注液态金属获得铸件的铸造方法。由于熔模广泛采用蜡质材料制造，故又称"失蜡铸造"或精密铸造。它适于各种合金，尤其适于高熔点合金及难切削加工合金复杂铸件生产，如耐热合金钢等。

9.5.4 离心铸造

离心铸造是将液体金属浇入以一定速度旋转的铸型中，并在离心力的作用下凝固成形的一种铸造方法。

离心铸造一般都是在离心机上进行的。根据离心铸造机的结构形式不同，有垂直旋转的立式离心铸造和水平旋转的卧式离心铸造两种。离心铸造已广泛用于生产铸铁水管、气缸套、钢辊筒和铜套等铸件。

9.5.5 消失模铸造

消失模铸造是把涂有耐火材料涂层的泡沫塑料模样（聚苯乙烯）模样放入砂箱，模样四周用干砂或自硬砂充填紧实，浇注时高温金属液使泡沫塑料模样热解"消失"，并占据模样原来的空间，而最终获得铸件的铸造方法。消失模铸造原理示意图如图9-12所示。近年来采用干砂造型的消失模铸造发展迅速。

图9-12　消失模铸造原理示意图

消失模铸造具有如下特点：铸件精度较高，设计灵活，简化了造型工序，节约造型材料，生产效率高，可实现清洁生产。

消失模铸造被国内外铸造界誉为"21世纪的铸造新技术"，主要适用于高精度、少余量、复杂铸件的批量及单件生产。

9.6 铸造安全操作技术规程

1）进入车间后，应时刻注意头上吊车，脚下工件与铸型，防止碰伤、撞伤及烧伤等事故。

2）混砂机转动时，不得用手扒料和清理碾轮，不准伸手到机盆内添加粘结剂等附加物。

3）注意保管和摆放好自己的工具，防止被埋入砂中踩坏，或被起模针和通气针扎伤手脚。

4）工作结束后，要认真清理工具和场地，砂箱要安放稳固，防止倒塌伤人毁物。

5）铸造熔炼与浇注现场不得有积水。

6）注意浇包及所有与铁液接触的物体都必须烘干、烘热后使用，否则会引起爆炸。

7）浇包中的金属液不能盛得太满，抬包时两人动作要协调，如铁液泼出，烫伤手脚，应招呼同伴同时放包，切不可单独丢下抬杆，以免翻包，酿成大祸。

8）浇注时，人不可站在浇包正面，否则易造成意外的烧伤事故。

9）所有破碎、筛分、落砂、混辗和清理设备，应尽量密闭，以减少车间的粉尘。同时应规范车间通风、除尘及个人劳动保护等防护措施。

10）铸造合金熔炼过程中产生的有害气体，如冲天炉排放的含有CO的多种废气，铝合金精炼时排放的有害气体等，应有相应的技术处理措施。现场人员也应加强防护。

知识拓展

114

中国第一块国产化焦炉硅砖

复习思考题

1. 铸造生产有哪些优缺点？试述砂型铸造的工艺过程。

2. 什么叫分型面？选择分型面时必须注意什么问题？

3. 型砂主要由哪些材料组成？它应具备哪些性能？

4. 手工造型的基本方法有哪几种？简述各种造型方法的特点及其应用范围。机器造型有何特点？

5. 浇注系统由哪些部分组成？开设内浇道时要注意什么问题？

6. 冲天炉的炉料包括哪些材料？这些材料有何作用？

7. 什么叫特种铸造？常用的特种铸造方法有哪些？

第 10 章　锻　　压

【目的与要求】

1. 熟悉锻压生产工艺过程、分类、应用范围及其特点。
2. 熟悉锻压安全操作技术规程。
3. 熟悉自由锻设备、工具、基本工序及操作方法，独立操作简单锻件。
4. 了解冲压设备和工艺过程。
5. 培养安全生产意识，严格遵守高温操作规范，提升危险源识别与应急处理能力。

10.1　概论

金属压力加工是利用金属在外力作用下所产生的塑性变形获得具有一定形状、尺寸和力学性能的原材料、毛坯或零件的生产方法。锻压属于压力加工范畴，是机械制造中的重要加工方法之一，是锻造与冲压的总称。

10.1.1　锻造

锻造是在加压设备及工（模）具的作用下，使金属坯料产生局部或全部的塑性变形，以获得一定几何尺寸、形状、质量和力学性能的锻件的加工方法。根据变形温度不同，锻造可分为热锻、温锻和冷锻 3 种，其中应用最广泛的是热锻。热锻是在再结晶温度以上进行锻造的工艺，锻造后的金属组织致密，晶粒细小，组织均匀，从而使金属的力学性能得以提高。因此，承受重载荷的机械零件，如机床主轴、航空发动机曲轴、连杆和起重机吊钩等多以锻件为毛坯。用于锻造的金属必须具有良好的塑性，在锻造时不致破裂。常用的锻造材料有钢、铜、铝及其合金。

10.1.2　冲压

使板料经分离和变形而得到制件的工艺方法统称为冲压。冲压通常是在常温下进行的，因此又称为冷冲压，只有板料厚度超过 8.0mm 时，才用热冲压。用于冲压件的材料多为塑性良好的低碳钢板、纯铜板、黄铜板及铝板等。冲压件有质量轻、刚度大、强度高、互换性好、成本低、生产过程便于实现机械自动化及生产率高等优点，在汽车、仪表、电器、航空及日用工业等部门得到广泛的应用。

10.2　锻压工艺

10.2.1　自由锻

只用简单的通用性工具，或在锻造设备的上、下砧间经多次锻打和逐步变形而获得所需几何形状及内部质量的锻件的方法称为自由锻。自由锻有手工自由锻（简称手锻）和机器自由锻（简称机锻）之分，机锻是自由锻的主要方法。

自由锻使用的工具简单，操作灵活，但锻件的精度低，生产率不高，劳动强度大，故只适用于单件、小批和大件、巨型件的生产。

1. 加热

锻件加热的目的是提高金属的塑性和降低金属的变形抗力，以利于金属的变形和得到良好的锻后组织和性能。但加热温度过高又易产生一些不良的缺陷。

（1）钢在加热中的化学和物理反应　钢在加热时，表层的铁、碳与炉中的氧化性气体（O_2、CO_2 和 H_2O 等）发生一些化学反应，形成氧化皮及表层脱碳现象。加热温度过高还会产生过热、过烧及裂纹等缺陷。钢在加热中常见的缺陷及其预防措施见表10-1。

表10-1　钢在加热中常见的缺陷及其预防措施

缺陷名称	定义	后果	预防措施
氧化	金属加热时，介质中的 O_2、CO_2 和 H_2O 等与金属反应生成氧化物的过程	氧化使钢材损失、锻件表面质量下降，模具及钳子使用寿命降低。当脱碳层厚度大于工件加工余量时，会降低表面的硬度和强度，严重时会导致工件报废	快速加热，减少过剩空气量，采用少氧化、无氧化加热，以及少装、勤装的操作方法，在钢材表面涂保护层
脱碳	加热时，由于气体介质和钢铁表层碳的作用，使得表层含碳量降低的现象		
过热	由于加热温度过高、保温时间过长引起晶粒粗大的现象	锻件力学性能降低、变脆，严重时锻件的边角处会产生裂纹	对过热的坯料进行多次锻打或锻后正火处理
过烧	加热温度超过始锻温度，使晶粒边界出现氧化及熔化的现象	坯料无法锻造	控制正确的加热温度、保温时间和炉气成分
裂纹	大型或复杂的锻件，塑性差或导热性差的锻件，在较快的加热速度或过高炉温下，因坯料内外温度不一致而造成裂纹	内部细小裂纹在锻打中有可能焊合，表面裂纹在断裂应力作用下进一步扩展导致报废	严格控制加热速度和装炉温度

（2）锻造加热温度范围及其控制　锻坯加热应根据金属的化学成分确定其加热温度规范，不同金属的加热温度也不同。为了保证质量，必须严格控制锻造加热温度范围。始锻温度指锻坯锻造时所允许的最高加热温度。终锻温度指锻坯停止锻造时的温度。锻造温度范围指从始锻温度到终锻温度的区间。

一般情况下，始锻温度应使锻坯在不产生过热和过烧的前提下，尽可能高些；终锻温度应使锻坯在不产生冷变形强化的前提下，尽可能低一些。这样便于扩大锻造温度范围，减少加热火次和提高生产率。常用的普通碳素钢的始锻温度为1280℃，终锻温度为700℃；优质碳素钢的始锻温度为1200℃，终锻温度为800℃。

锻造时的测温方法有观火色法及仪表检测法，其中观火色法是通过目测钢在一定温度下的火色与温度关系来判断加热温度高低的，简便快捷，应用较广。表10-2 为碳钢的加热温度与其火色的对应关系。

表10-2　碳钢的加热温度与其火色的对应关系

加热温度/℃	1300	1200	1100	900	800	700	≤600
火色	黄白	淡黄	黄	淡红	樱红	暗红	赤褐

（3）加热设备的特点及其应用　按热源不同，加热方法可分为火焰加热和电加热两大类。表10-3 为这两种加热方法的特点及应用。

（4）锻件的冷却　锻件的冷却应做到使冷却速度不要过大，各部分的冷却收缩要均匀一致，以防表面硬化、工件变形和开裂。如45钢水冷，就会有组织转变，硬度会增加，后续加工困难。锻件常用的冷却方法有空冷、坑冷和炉冷3种。空冷适用于塑性较好的中、小型的低、中碳钢的锻件；坑冷（埋入炉灰或干砂中）适用于塑性较差的高碳钢、合金钢的锻件；炉冷（放在500~700℃的加热炉中随炉缓冷）适用于高合金钢、特殊钢的大件以及形状复杂的锻件冷却。

表10-3 两种加热方法的特点及应用

加热方法	加热设备	原理及特点	应用场合
火焰加热	手工炉（又称明火炉）	结构简单，使用方便，加热不均，燃料消耗大，生产率不高	手工锤、小型空气锤自由锻
	反射炉	结构较复杂，燃料消耗少，热效率较高	锻压车间广泛使用
	少、无氧化火焰加热炉	利用燃料的不完全燃烧所产生的保护气氛，减少金属氧化，而炉膛上部二次进风，形成高温区向下部加热区辐射，达到少氧化、无氧化的加热目的	成批中小件的精锻
电加热	箱式电阻炉	利用电流通过电热体产生热量对坯料加热，结构简单，操作方便，炉温及炉内气氛易于控制	用于有色金属、高合金钢及精锻加热
	中频感应炉	需变频装置，单位电能消耗为0.4~0.55kW·h/kg，加热速度快，自动化程度高，应用广	$\phi20 \sim \phi150$mm 坯料模锻、热挤、回转成形

2. 自由锻成形

自由锻成形主要是借助于锻造设备和通用的工具来实现的。

（1）自由锻设备 锻造中、小型锻件常用的设备是空气锤（图10-1）和蒸汽-空气自由锻锤，大型锻件常用水压机，一重、二重、江南造船等集团公司拥有上万吨的水压机。空气锤的规格是以落下部分（包括工作活塞、锤杆与锤头）的质量来表示的。但锻锤产生的打击力，却是落下部分质量的1000倍左右。例如牌号上标注65kg的空气锤，就是指其落下部分的质量为65kg，打击力约是650kN。常用的是规格为50~750kg空气锤。空气锤既可进行自由锻，也可进行胎模锻，它的特点是操作方便，但吨位不大并有噪声与振动，只适用于小型锻件。

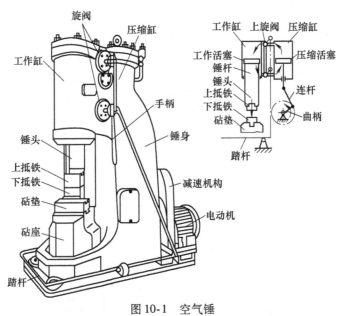

图10-1 空气锤

（2）自由锻的基本工序 自由锻的基本工序有镦粗、拔长、冲孔、弯曲、错移、扭转及切割等，其中镦粗、拔长和冲孔用得较多。自由锻基本工序的定义、操作要点和应用见表10-4。

表 10-4　自由锻基本工序的定义、操作要点和应用

工序名称	定义及图例	操作要点	应 用
镦粗	使毛坯高度减小，横截面积增大的锻造工序称为镦粗 在坯料上某一部分进行的镦粗称为局部镦粗 坯料在垫环上或两垫环间进行的镦粗称为垫环镦粗	1）h_0/d_0 应小于 2.5，否则易镦弯，镦弯锻坯应及时校正 2）加热应均匀，以防镦裂 3）端面应平整，且与轴线垂直 4）每击一次转动一下工件，防止镦偏、镦歪 5）坯料高度应不大于锤头最大行程的 0.7~0.8 倍，防止出现夹层	1）用来制造高度小和截面大的工件，如齿轮、圆盘、叶轮等 2）作为冲孔前的准备工序，使锻坯横截面增大和平整，并减小冲孔高度 3）提高后续拔长工序的锻造比 4）提高锻件横向力学性能和减少力学性能的异向性 5）局部镦粗可以锻造凸肩直径和高度较大的饼状锻件，也可以锻造端部带有法兰的轴杆类锻件 6）垫环镦粗可用于锻造带有单边或双边凸肩的饼状锻件
拔长	使毛坯横截面面积减小，长度增加的锻造工序称为拔长 用芯轴穿入空心毛坯的孔中进行的拔长称为芯棒拔长 用马杠对空心坯料进行的扩孔称为马杠扩孔	1）$l = (0.3 - 0.7)b$，过长会降低拔长效率，过短易产生折叠 2）$a/h \leqslant 2.5$，防止产生夹层 3）不断翻转锻件，保证温度均匀 4）拔长总是在方截面下进行的，如坯料为圆形截面则应按照下图方式进行 5）局部拔长时，应先压肩，以使过渡面平直整齐 方料压肩　　圆料压肩 6）拔长工件时，若表面不平整，则拔后必须修整	1）用来制造长而截面小的工件，如轴、拉杆和曲面等 2）改善锻件内部质量 3）制造长筒类锻件，如炮筒、透平主轴、圆环和套筒等

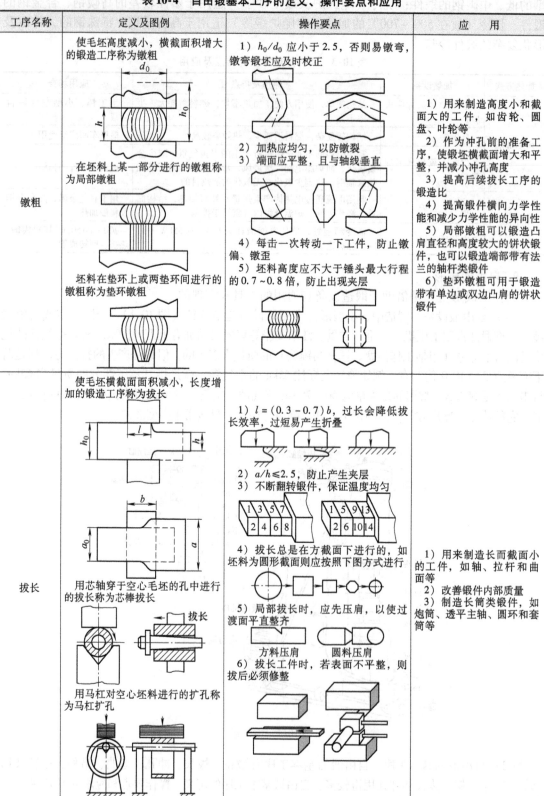

（续）

工序名称	定义及图例	操作要点	应 用
冲孔	在坯料上冲出通孔或不通孔的锻造工序称为冲孔，包括 1）双面冲孔 2）单面冲孔 冲子 坯料 漏盘 3）冲头扩孔 扩孔冲子 坯料 垫环	1）冲孔前一般需将坯料镦粗，以便减小冲孔高度和使冲孔面平整 2）适当提高坯料始锻温度，提高塑性，以防止由于冲孔时坯料局部变形量过大而产生冲裂和损坏冲子 3）冲子必须找正位置，并与冲孔面垂直。双面冲孔时先将冲头冲至约坯料高度的 2/3 深度时，翻转坯料后将孔冲通，可以避免孔的周围冲出毛刺 4）为顺利拔出冲头，可在凹痕上撒一些煤粉，冲头要经常用水冷却 5）直径小于 25mm 的孔，一般不冲出 6）冲较大孔时，要先用直径较小的冲头冲出小孔，然后再用直径较大的冲头逐步将孔扩大到所要求的尺寸	1）制造带孔件，如齿轮坯、圆环、套筒等 2）用于芯轴拔长和扩孔前的准备工作 3）锻件质量要求高的大型空心件可以利用冲孔去除质量较差的中心部分

10.2.2 胎模锻

胎模锻是介于自由锻与模锻之间的一种锻造方法，胎模不固定在锤头和砧座上，而是根据需要随时将胎模放在下砧上进行锻造，用完后拿下来。胎模锻一般采用自由锻方法制坯，然后在胎模中最后成形。常用胎模的种类、结构和应用范围见表 10-5。

表 10-5 常用胎模的种类、结构和应用范围

序号	名称	简 图	应用范围	序号	名称	简 图	应用范围
1	摔模		轴类锻件的成形或精整，或为合模锻造制坯	4	套模		回转体类锻件的成形
2	弯模		弯曲类锻件的成形，或为合模锻造制坯				
3	扣模		非回转体锻件的局部或整体成形，或为合模锻造制坯	5	合模		形状较复杂的非回转体类锻件的终锻成形

119

胎模锻与自由锻相比，有锻件形状较准确、尺寸精度较高、力学性能较好及生产率较高的优点，主要用于中、小批生产。

10.2.3 模锻

模锻是使金属坯料在冲击力或压力作用下，在锻模模膛内变形，从而获得锻件的工艺方法。由于金属是在模膛内变形，其流动受到模壁的限制，因而模锻生产的锻件尺寸精确、加工余量较小、结构可以较复杂，而且生产率高。模锻生产广泛应用在机械制造业和国防工业中。

模锻按使用的设备不同分为锤上模锻、曲柄压力机上模锻、摩擦压力机上模锻和精密模锻等。

1. 锻模结构

锻模由带模膛的上、下模块及紧固件等组成。上、下模块的尾部做成燕尾形，用镶条分别紧固在锤头及模垫上。上、下模块的前后定位是用键块及垫片调整的。

2. 模膛分类

按功能不同，模膛可分模锻模膛与制坯模膛两大类（表10-6）。

表10-6　模膛的分类及功能

分　类		功　能
模锻模膛	预锻模膛	减少终锻模膛磨损，提高终锻模膛寿命，使坯料尺寸与形状接近锻件，其圆角及模锻斜度较大
	终锻模膛	使坯料最后成形的模膛，其形状、尺寸与锻件相同，只是比锻件大一个收缩率，并且在分模面上有飞边槽
制坯模膛（用于较复杂的锻件）	拔长模膛	有开式、闭式两种，用于截面相差大的锻件
	滚压模膛	减少某部分截面的面积，增加另一部分截面的面积
	弯曲模膛	用于弯曲锻件，若弯曲后再锻，应旋转90°
	切断模膛	用于从坯料上切下锻件的情况

10.2.4 板料冲压

板料冲压是用板料成形零件的一种加工方法。

1. 冲压设备

（1）剪床　龙门剪床也称剪板机，它是下料的基本设备之一。剪床的上、下切削刃与水平方向的夹角不同，可分为平刃和斜刃剪床。工作时由电动机带动带轮、齿轮和曲轴转动，从而使滑块及上切削刃做上、下运动，进行剪裁工步。

工作时，电动机一直不停地转动，而上切削刃是通过离合器的闭合与脱开来进行剪裁的，制动器的作用是使上切削刃剪切后停在最高位置上，为下次剪裁做好准备，挡铁用来控制下料尺寸。剪板机的规格是以剪切板料的厚度和宽度来表示的。

（2）冲床　常用的压力机有偏心压力机和曲轴压力机。偏心压力机由电动机驱动，通过小齿轮带动大齿轮（飞轮），将动力传给偏心轴，再通过连杆使滑块做直线往复运动而工作。曲轴压力机的结构和工作原理与偏心压力机基本相同，主要区别是曲轴压力机的主轴为曲轴，其行程是固定不变的。

2. 冲压工序

根据冲压工序的性质及金属的受力、变形特征，冲压基本工序可分为分离工序（剪切、落料和冲孔等）和变形工序（弯曲、拉深和成形等）。

1）剪切是将材料沿不封闭的曲线分离的一种冲压方法。

2）落料是利用冲裁取得一定外形的制件或坯料的冲压方法。

3）冲孔是将冲压板坯以封闭的轮廓分离开来，得到带孔制件的一种冲压方法。

4）弯曲是将板料在弯矩作用下弯成具有一定曲率和角度的成形方法。

5）拉深或拉延是变形区在一拉一压的应力状态作用下，使板料（浅的空心坯）成为空心件（深的空心件），而厚度基本不变的加工方法。

3. 冲压模具

冲压模具（简称冲模）是使板料产生分离或成形的工具。冲模的结构合理与否对冲压件的质量、生产率及模具寿命等都有很大的影响。冲模一般分上模和下模两部分。上模通过模柄安装在冲床滑块上，下模则通过下模板由压板和螺栓安装，紧固在冲床工作台上。冲模有简单模、连续模和复合模 3 种。

10.3　锻压件质量检验与缺陷分析

10.3.1　锻件质量检验

冷却后的锻件应按规定的技术条件进行质量检验，常用的检验方法有工序与工步检验。按锻件图用量具检验锻件的几何尺寸及表面质量。对重要的锻件还需进行金相组织与力学性能的检验。

10.3.2　锻件缺陷分析

1. 自由锻件的缺陷分析

自由锻件的缺陷及产生原因见表 10-7。

表 10-7　自由锻件的缺陷及产生原因

缺陷名称	产生原因
过热或过烧	1）加热温度过高，保温时间过长 2）变形不均匀，局部变形度过小
裂纹 （横向和纵向裂纹，表面和内部裂纹）	1）坯料心部没有热透或温度较低 2）坯料本身有皮下气孔、冶炼质量差等缺陷 3）坯料加热速度过快，锻后冷却速度过大 4）变形量过大
折叠	1）砧子圆角半径过小 2）送进量小于压下量
歪斜偏心	1）加热不均匀，变形度不均匀 2）操作不当
弯曲和变形	1）锻造后修整、矫直不够 2）冷却、热处理操作不当
力学性能偏低 （锻件强度不够，硬度偏低，塑性和冲击韧度偏低）	1）坯料冶炼成分不合要求 2）锻后热处理不当 3）冶炼时原材料杂质过多，偏析严重 4）锻造比过小

2. 模锻件的缺陷分析

模锻件的缺陷及其产生原因见表 10-8。

表 10-8　模锻件的缺陷及其产生原因

缺陷名称	产生原因
凹坑	1）加热时间太长或粘上炉底熔渣 2）坯料在模膛中成形时氧化皮未清除干净
形状不完整	1）原材料尺寸偏小 2）加热时间太长，火耗太大 3）加热温度过低，金属流动性差，模膛内的润滑剂未吹掉 4）设备吨位不足，锤击力太小 5）锤击轻重掌握不当 6）制坯模膛设计不当或毛边槽阻力小 7）终锻模膛磨损严重 8）锻件从模膛中取出不慎碰塌
厚度超差	1）毛坯质量超差 2）加热温度偏低 3）锤击力不足 4）制坯模膛设计不当或毛边槽阻力太大
尺寸不足	1）终锻温度过高或设计终锻模膛时考虑收缩率不足 2）终锻模膛变形 3）切边模安装欠妥，锻件局部被切
锻件上、下部分发生错移	1）锻锤导轨间隙太大 2）上、下模调整不当或锻模检验角有误差 3）锻模紧固部分（如燕尾）有磨损或锤击时错位 4）模膛中心与打击中心相对位置不当 5）导锁设计欠妥
锻件局部被压伤	1）坯料未放下或锤击中跳出模膛连击压坏 2）设备有问题，单击时发生连击
翘曲	1）锻件从模膛中撬起时变形 2）锻件在切边时变形
夹层	1）坯料在模膛中位置不对 2）操作不当 3）锻模设计有问题 4）操作时变形程度大，产生毛刺，不慎将毛刺压入锻件中

10.3.3　冲压件缺陷分析

常见冲压件的缺陷及产生原因见表 10-9。

表 10-9　常见冲压件的缺陷及产生原因

缺陷名称	产生原因
毛刺	冲裁间隙过大、过小或不均匀，刃口不锋利
翘曲	冲裁间隙过大，材质不纯，材料有残余应力等
弯曲裂纹	材料塑性差，弯曲线与流线组织方向平行，弯曲半径过小等
皱纹	相对厚度小，拉深系数小，间隙过大，压边力过小，压边圈或凹模表面磨损严重
裂纹和断裂	拉深系数过小，间隙过小，凹模或压料面局部磨损，润滑不够，圆角半径过小
表面划痕	凹模表面磨损严重，间隙过小，凹模或润滑油不干净
拉深件壁厚不均	润滑不够，间隙不均匀、过大或过小

10.4　锻压安全操作技术规程

1）未经指导老师允许，不得擅自开启设备；开启前必须检查设备是否完好，安全防护装置是否齐全有效。

2）坯料加热、锻造和冷却过程中应防止烫伤。

3）钳口的形状和尺寸必须与坯料的截面相适应，以便夹牢工件；严禁将夹钳对准人体，严禁将手指放在两钳柄之间，以免夹伤。

4）锻锤开启后，司锤者应集中精力按掌钳者的指挥操作，掌钳者发出的信号要清晰。

5）锻造时，不要在易飞出冲头、料头、毛刺和火星等物的危险区停留。严禁将手和头伸入锻锤与砧座之间，砧座上的氧化皮应用夹钳、长柄扫帚等工具清除。

6）冲压板料时，严禁将手或头伸入上模、下模之间；严禁用手直接取、放冲压件，应采用工具钩取。

7）冲压操作结束后，应切断电源，使滑块处于最低位置（模具处于闭合状态），然后进行必要的清理。

8）进入锻造车间必须穿隔热胶底鞋或皮底鞋，戴安全帽。

9）严格按指导教师的安排，完成规定的实训操作，不得擅自改变实训内容和操作规程。

10）锻压操作前确保其他操作者处于安全区域，并在可能发生危险的区域设置警示标志。

11）工作完毕后按要求对设备和工、模具进行清理、维护和收藏。工具、模具的放置与收藏要整齐合理、取用方便，工作场地应清扫干净，飞边和废料等要送往指定地点。

12）锤头应做到"三不打"，即砧上无锻坯、工件未夹牢、过烧或过冷的坯料不打。

13）严禁远距离扔料，近距离扔料要加防护挡板。

14）实训操作时发扬团结协作精神，保持现场整洁，做到文明有礼。

知识拓展

新中国最早的万吨水压机

复习思考题

1. 什么叫锻造？其应用特点是什么？
2. 合理地控制锻造加热温度范围对锻造过程有何影响？
3. 对碳钢而言，越难锻造的钢种，其始锻温度是否应越高？为什么？
4. 锻件镦粗时，镦歪及夹层是怎么产生的？应如何预防与纠正？
5. 如何锻造长筒件与圆环件？
6. 制坯模膛中的拔长模膛与滚压模膛各用于何种场合？

第 11 章 焊 接

【目的与要求】

1. 掌握焊接的基础知识，了解焊接技术的分类及特点。
2. 熟悉焊条电弧焊所使用的设备，掌握焊条电弧焊的基本原理，并能独立进行操作。
3. 了解电阻焊和钎焊的焊接基本原理。
4. 熟悉焊接安全操作技术。
5. 培养创新应用思维，学会焊接结构优化设计，拓展焊接技术边界。

11.1 焊接基础知识

11.1.1 焊接基本概念

焊接技术是随着铜铁等金属的冶炼生产和各种热源的应用而出现的。焊接是指通过加热或加压，或两者并用，用或不用填充材料，使焊件达到原子间结合并形成永久性接头的工艺过程。其实质就是通过适当的物理—化学过程，使两个分离表面的原子接近到晶格距离（0.3~0.5nm）形成原子键，从而连为一体的连接方法。作为现代工业的基础工艺，焊接方法的种类很多。根据实现金属原子间结合的方式不同，可分为熔焊、压焊和钎焊3大类。

1. 熔焊

熔焊是将焊件局部加热至融化，冷凝后形成焊缝而使构件连接在一起的加工方法，包括电弧焊和气焊等。熔焊是广泛采用的焊接方法，大多数的低碳钢和合金钢都采用熔焊方法焊接。

2. 压焊

压焊是焊接过程中，必须对焊件施加压力（加热或不加热）完成焊接的方法，包括电阻、摩擦焊和超声波焊等。

3. 钎焊

钎焊是将熔点比母材低的钎料加热至熔化，但加热温度低于母材的熔点，用熔化的钎料填充焊缝、润湿母材并与母材相互扩散形成一体的焊接方法。

11.1.2 焊接技术的特点

焊接技术的主要特点如下：

1）节省材料，减轻质量，焊接的金属结构件可比铆接节省10%~25%的材料。
2）简化复杂零件和大型零件的制造过程。
3）适应性强。
4）满足特殊连接要求。
5）降低劳动强度，改善劳动条件。

尽管如此，焊接方法在应用中仍存在某些不足。例如不同焊接方法的焊接性有较大差别，焊接热过程造成的结构应力与变形以及各种裂纹问题等，都有待进一步研究和完善。

11.1.3 焊接技术的应用

焊接技术在工业生产中主要用于以下用途：

1. 制造金属结构件

焊接技术广泛应用于各种金属结构的制造，如桥梁、船、发电设备及飞行器等。

2. 制造机器零件和工具

在机器零件制造中，可通过焊接将不同材质或经过不同加工的部件拼合制成，以满足复杂工况下的使用要求。在工具制造中，焊接式硬质合金刀具把硬质合金刀头与韧性好的刀杆用特殊焊接方法结合，发挥两者优势，延长刀具寿命，提升加工精度。

3. 修复

可修复某些有缺陷、失去精度或有特殊要求的工件，延长寿命、提高使用性能。近年来，焊接技术迅速发展，新的焊接方法不断出现，在应用了计算机技术后，使其功能大增，焊接将越来越精密化和智能化。

11.2 焊条电弧焊

焊条电弧焊是熔焊中最基本的一种焊接方法，它利用电弧产生的热量来熔化被焊金属，使之形成永久结合。由于它所需要的设备简单、操作灵活，可以对不同焊接位置、不同接头形式的焊缝方便地进行焊接，因此是目前应用最广泛的焊接方法，可以应用于维修及装配中的短缝焊接，特别是难以达到的部位的焊接，适用于碳钢、低合金钢、不锈钢和铜及铜合金等金属材料的焊接，以及铸铁焊补其他金属材料的堆焊。但是钛和锆等材料一般不用焊条电弧焊。

图 11-1 所示为焊条电弧焊示意图，图中的电路是以焊接电源为起点，通过焊接电缆、焊钳、焊条、工件和接地电缆形成回路。在有电弧存在时形成闭合回路，实现焊接过程。焊条和工件在这里既作为焊接材料，也作为导体。焊接开始后，电弧的高热瞬间熔化了焊条端部和电弧下面的

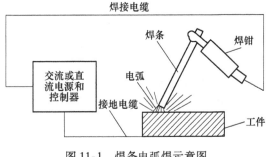

图 11-1 焊条电弧焊示意图

工件表面，使之形成熔池，焊条端部的熔化金属以细小的熔滴状过渡到熔池中去，与母材熔化金属混合，凝固后成为焊缝。

11.2.1 焊条电弧焊基础知识

1. 焊接电弧

焊接电弧是由焊接电源供给的，具有一定电压的两电极间或电极与焊件间，在气体介质中产生的强烈而持久的放电现象。

（1）电弧的引燃 常态下的气体由中性分子或原子组成，不含带电粒子。要使气体导电，首先要有一个使其产生带电粒子的过程。生产中一般采用接触引弧。先将电极（钨棒或焊条）和焊件接触形成短路，如图 11-2a 所示，然后将电极提高到距离工件小于 5mm，

① 典型酸性焊条型号有 E4303 等，碱性焊条型号有 E5015 等。

型号中的"E"表示结构钢焊条，型号中数字的前两位"43"或"50"表示熔敷金属抗拉强度最小值，分别为 420MPa 或 500MPa；最后两位数字表示药皮类型、焊接位置和电流类型，03 表示药皮类型为钛型，焊接位置为全位置，使用交流或直流电源均可，15 药皮类型为碱性，焊接位置为全位置，只能用于直流电源反接。

② 焊条应保存在干燥的地方，避免受潮。特别是碱性焊条，每次使用前都要经烘干处理。

11.2.2　焊条电弧焊操作技术

在采用焊条电弧焊时，要求操作者手持面罩进行观察和操作。因此造成操作者视野不清，工作条件较差。为了保证焊接质量，要求操作者应具有较为熟练的操作技术，并在操作过程中保持注意力高度集中。初学者在练习时应注意选择适当电流，焊条要对正，电弧要短，焊接速度不要快，力求均匀。焊接前，应把工件接头两侧 20mm 范围内的表面清理干净（消除铁锈、油污和水分），并使焊芯的端部金属外露，以便进行短路引弧。

焊条电弧焊的基本操作步骤主要包括引弧、运条和焊缝收尾。

1. 引弧

引弧的方法可分为敲击法和划擦法两种。其中划擦法比较容易掌握，适合作为初学者的引弧操作。划擦法是指将焊条对准工件，再将焊条像划火柴似的在工件表面轻轻划擦，引燃电弧，然后迅速将焊条提起 2 ~ 4mm，并使之稳定燃烧。敲击法是指将焊条末端对准工件，然后手腕下弯，使焊条轻微碰一下工件，再迅速将焊条提起 2 ~ 4mm，引燃电弧后手腕放平，使电弧保持稳定燃烧。这种引弧方法不会使工件表面划伤，又不受工件表面大小、形状的限制，因而在生产中经常采用。但敲击法引弧的操作不易掌握，需提高熟练程度。要注意引弧处应无油污、水分和铁锈，以免产生气孔和夹渣，而且焊条在与工件接触后提升速度要适当，太快难以引弧，太慢则粘在一起造成短路。

2. 运条

运条操作是焊接过程中的关键环节，该操作直接影响焊缝的外观成形和质量。电弧引燃后，一般情况下焊条有 3 个基本运动：朝熔池方向逐渐送进、沿焊接方向逐渐移动和横向摆动。平焊焊条角度和运条基本动作如图 11-5 所示。

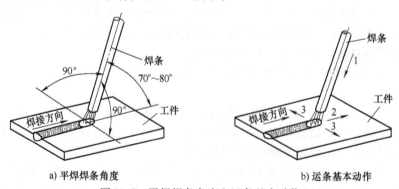

a) 平焊焊条角度　　　　b) 运条基本动作

图 11-5　平焊焊条角度和运条基本动作

常用运条方法如图 11-6 所示。

3. 焊缝收尾

焊缝收尾时为防止出现弧坑，焊条应停止向前移动，而采用划圈收尾法或反复断弧法自下而上地慢慢拉断电弧，以保证焊缝尾部成形良好。

（1）划圈收尾法　焊条移至焊缝的终点时，利用手腕做圆周运动，直到填满弧坑再拉断电弧。该方法适用于厚板焊接，用于薄板焊接会有烧穿危险。

（2）反复断弧法　焊条移至焊道终点时，在弧坑处反复熄弧、引弧数次，直到填满弧坑为止。该方法适用于薄板及大电流焊接，但不适用于碱性焊条，否则会产生气孔。

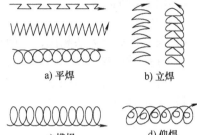

a) 平焊

b) 立焊

c) 横焊

d) 仰焊

图 11-6　常用运条方法

11.2.3　示例——平板对接焊操作过程

焊接厚度为 4mm 的低碳钢 Q235 钢板，选用直径为 3.2mm 的 E4303 焊条。

（1）焊前清理　清除焊件坡口表面及坡口两侧 20mm 范围内的铁锈、油污和水分。

（2）对接　将待焊钢板对齐。

（3）定位焊　在焊件两端焊上约 10mm 的焊缝，以使两焊件的相对位置固定，若焊件较长，每 200～300mm 焊上 10mm。焊后将焊渣清理干净。

（4）焊接　选择合适的焊接参数进行焊接。

（5）焊后清理　清除焊件表面的渣壳及飞溅。

（6）焊后检查　目视检查焊缝外形及尺寸是否符合要求，有无焊接缺陷。

11.2.4　焊条电弧焊防具

焊接时可能会出现触电、弧光灼伤双眼等现象，要注意自我防护，防范电伤和弧光等。常用防具包括工作服、安全防护面罩、绝缘隔热防护手套、护目镜等，如图 11-7 所示。

a) 工作服

b) 安全防护面罩

c) 绝缘隔热防护手套

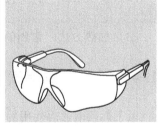
d) 护目镜

图 11-7　焊条电弧焊防具

11.3　其他焊接方法

11.3.1　电阻焊

电阻焊是一种常用的焊接方法，它是利用电流直接流过工件本身及工件间的接触面所产生的电阻热，使工件局部加热到高塑性或熔化状态，同时加压而完成的焊接过程。

1. 电阻焊的分类

按接头形式的不同，将电阻焊分为点焊、缝焊和对焊 3 种。

2. 电阻焊的特点

（1）优点

1）与其他焊接方法相比，电阻焊具有生产率高、焊接变形小和接头质量高的特点。

2）焊接时加热、加压同时进行，接头在压力下焊合，辅助工序少。

3）焊接时不需要填充金属及焊药或添加焊接材料。

4）操作简便、易实现自动化（汽车外壳焊接）。

（2）缺点

1）设备复杂、耗电量大、维修困难。

2）接头形式、工件厚度受到限制。

11.3.2 钎焊

钎焊是通过加热，使被焊工件接头处温度升高，但不熔化，同时使熔点较低的钎料熔化并渗入到被焊工件间隙之中，通过原子扩散互相溶解，冷却凝固后将两工件连接起来的焊接方法。与一般焊接方法相比，钎焊易于保证焊件尺寸。钎焊还能实现异种金属甚至金属与非金属的连接，在电工、仪表和航空等工业领域中广泛应用。

1. 钎料分类

（1）易熔钎料　熔点在450℃以下，又称软钎料，常用钎料有锡基和铅基钎料。用于强度要求低或无强度要求的焊件，如电子产品和仪表中线路的焊接。

（2）难熔钎料　熔点高于450℃，又称硬钎料。常用于焊接车刀刀头与刀杆。

2. 钎焊方法

（1）焊件去膜　常用的去膜法有钎剂去膜法（如锡焊时采用松香、铜焊时采用硼酸或硼砂）和机械去膜法（如利用器械刮除）。

（2）接头形式　钎焊接头的强度往往低于钎焊金属的强度，因此钎焊常采用搭接接头形式。

（3）加热方法　常用的加热方法有电烙铁加热、火焰加热、电阻加热和感应加热4种。

11.4 焊条电弧焊安全操作技术规程

由于焊条电弧焊使用的能源是电，同时电弧在燃烧过程中产生高温和弧光，焊条在燃烧过程中会产生一些有害的尘埃，因此焊条电弧焊对人身的安全和健康是有危害的。焊条电弧焊安全操作规程如下：

1）焊接操作人员应熟知电焊机特性，掌握一般电气知识，遵守焊接安全规程，还应熟悉灭火技术，触电急救及人工呼吸方法，并经专门培训后才能进行操作。

2）工作前应检查电焊机电源线，引出线及各接线点是否良好。焊机二次线路及外壳必须良好接地，焊条的夹钳绝缘必须良好。

3）保证焊接场地通风优良和干燥。

4）下雨天不准露天电焊，在潮湿地带工作时，应站在铺有绝缘物品的地方并穿好绝缘鞋。

5）电焊机从电力网上接线或拆线，以及接地等工作均应由电工进行。

6）推开关时，要一次推足，然后开启电焊机。停止时，先要关电焊机，才能断开开关。

7）在金属容器内、金属结构上以及其他狭小工作场所焊接时，触电危险最大，必须采取专门的防护措施。

8）移动电焊机位置时，须先停机断电；焊接中突然停电，应立即关好电焊机。

9）在人多的地方焊接时，应安设遮栏挡住弧光。无遮挡时，应提醒周围人员不要直视弧光。

10）换焊条时应戴好手套，身体不要靠在铁板或导电物件上。敲熔渣时应戴上防护眼镜。

11）焊接有色金属件时，应加强通风排毒，必要时应使用过滤式防毒面具。

12）不可将焊钳和电缆绕过身体，不可将焊钳放在工作台上造成短路，以防烧损焊机。

13）工作完毕后先关闭电焊机，再切断电源。发生任何异常情况应断开电源开关。离开工作场地前，必须检查并扑灭残留火星。

知识拓展

大国工匠：大任担当

复习思考题

1. 什么是焊接？
2. 焊接方法分哪几大类？
3. 试列举焊条电弧焊的安全操作技术规程。
4. 焊条电弧焊的基本操作步骤有哪些？
5. 焊条电弧焊的防具有哪些？

第 12 章　电气工程训练基础知识

【目的与要求】

1. 了解有关人体触电的知识，熟悉引起触电的原因及常用预防措施，掌握触电后的抢救措施。
2. 掌握常用电工工具和仪表的使用方法，了解导线的连接和绝缘的恢复工艺过程。
3. 了解低压电器的分类，掌握各种低压电器的工作原理。
4. 强化安全意识，通过触电急救演练，树立"安全第一"的工程伦理观。

12.1　安全用电

12.1.1　触电的种类

人体是导电的，一旦有电流通过时，将会受到不同程度的伤害。由于触电的种类、方式及条件不同，受伤害的程度也不一样。

按触电对人体伤害的程度进行划分，人体触电有电击和电伤两类。

（1）电击　指电流通过人体时所造成的内伤。它可使肌肉抽搐，内部组织损伤，造成发热、发麻和神经麻痹等。严重时将引起昏迷、窒息，甚至心脏停止跳动，血液循环中止等而导致死亡。通常说的触电，就是指电击。触电死亡中绝大部分是电击造成的。

（2）电伤　指在电流的热效应、化学效应、机械效应以及电流本身作用下造成的人体外伤。常见的有灼伤、熔伤和皮肤金属化等现象。

1）灼伤。由电流的热效应引起，主要是电弧灼伤，造成皮肤红肿、烧焦或皮下组织损伤。

2）熔伤。由电流热效应或力效应引起，是皮肤被电器发热部分烫伤或由于人体与带电体紧密接触而留下肿块、硬块，使皮肤变色等。

3）皮肤金属化。由电流热效应和化学效应导致熔化的金属微粒渗入皮肤表层，使受伤部位皮肤带金属颜色而留下硬块。

12.1.2　常见的触电方式

常见的触电方式可分为单相触电、双相触电和跨步电压触电三种。

1. 单相触电

当人体的某一部位接触到相线（俗称火线），另一部分又与大地或零线（中性线）相接，电流从带电体经人体流到大地（或零线）形成回路，这种触电叫单相触电（或称单线触电），如图 12-1 所示。在接触电气线路（或设备）时，若不采用防护措施，一旦电气线路或设备绝缘损坏漏电，将引

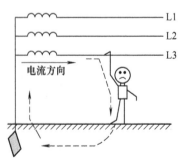

图 12-1　单相触电

起间接的单相触电。若站在地上误触带电体的金属裸露部分，将造成直接的单相触电。

2. 双相触电

如图 12-2 所示，当人体的不同部位分别接触到同一电源的两根不同相位的相线，电流由一根相线经人体流到另一根相线的触电，称为双相触电（或称双线触电）。人体承受的电压是线电压，在低压动力线路中为 380V，此时通过人体的电流将更大，所以比单相触电更危险。

3. 跨步电压触电

高压电线接触地面时，电流在落地点周围 15 ~ 20m 的范围内将产生电压降。当人体接近此区域时，两脚之间承受一定的电压，此电压称为跨步电压。由跨步电压引起的触电称为跨步电压触电，简称跨步触电，如图 12-3 所示。

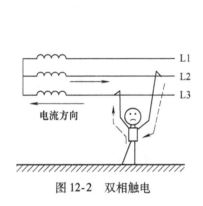

图 12-2　双相触电　　　　　　　图 12-3　跨步电压触电

跨步电压触电一般发生在高压设备附近，人体离落地点越近，跨步电压越大。因此在遇到高压设备时应慎重对待，避免受到伤害。

12.1.3　常见的触电原因

触电包括直接触电和间接触电两种。直接触电是指人体直接接触或过分接近带电体而触电，间接触电是指人体触及正常时不带电而发生故障时才带电的金属导体。

触电的场合不同，引起触电的原因也不同。下面根据在工农业生产和日常生活中所发生的不同触电事例，将常见触电原因归纳如下：

（1）线路架设不合规格　室内外线路对地距离、导线之间的距离小于允许值；通信线、广播线与电力线间隔距离过近或同杆架设，线路绝缘破损；有的地区为节省电线而采用一线一地制送电等均会引起触电。

（2）电气操作制度不严格　带电操作，不采取可靠的保护措施，不熟悉电路和电器，盲目修理；救助已触电的人，自身不采用安全保护措施；停电检修，不挂警告牌；检修电路和电器，使用不合格的工具；人体与带电体过分接近，又无绝缘措施或屏护措施；在架空线上操作，不在相线上加临时接地线，无可靠的防高空跌落措施等。

（3）用电设备不合要求　电器设备内部绝缘损坏，金属外壳又未加保护接地措施或保护接地线太短、接地电阻太大；开关、灯具和携带式电器等绝缘外壳破损，失去防护作用；开关和熔断器误装在中性线上，一旦断开，就使整个线路带电。

（4）用电不规范　在室内乱拉电线，随意加大熔断器的熔丝规格；在电线上或电线附近晾晒衣物；在电线（特别是高压线）附近打鸟、放风筝；未断开电源，移动家用电器；打扫卫生时，用水冲洗或湿布擦拭带电电器或线路等。

12.1.4 触电急救

在电气操作和日常用电中，如果采取了有效的预防措施，会大幅度减少触电事故，但要绝对避免是不可能的。所以，在电气操作和日常用电中必须做好触电急救的思想和技术准备。

1. 触电的现场抢救措施

发现有人触电，最关键、最重要的措施是使触电者尽快脱离电源。由于触电现场的情况不同，使触电者脱离电源的方法也不一样。在触电现场经常采用以下几种急救方法：

1）迅速关断电源，把人从触电处移开。如果触电现场远离开关或不具备关断电源的条件，只要触电者穿的是比较宽松的干燥衣服，救护者可站在干燥木板上（图12-4），用一只手抓住触电者的衣服将其拉离电源，但切不可触及带电人的皮肤。若这种条件尚不具备，还可用干燥木棒或竹竿等将触电者身上的电线挑开，如图12-5所示。

图 12-4 将触电者拉离电源   图 12-5 将触电者身上电线挑开

2）如果触电发生在相线与大地之间，一时又不能把触电者拉离电源，可用干燥绳索将触电者身体拉离地面，或在地面与人体之间塞入一块干燥木板，这样可以暂时切断带电导体通过人体流入大地的电流。然后再设法关断电源，使触电者脱离带电体。在用绳索将触电者拉离地面时，注意不要发生跌伤事故。

3）救护者手边若有现成的刀、斧或锄等带绝缘柄的工具或硬棒时，可以从电源的来电方向将电线砍断或撬断，如图12-6所示。但要注意切断电线时人体切不可接触电线裸露部分和触电者。

图 12-6 用带绝缘柄的工具切断电线

4）如果救护者手边有绝缘导线，可先将一端良好接地，另一端接在触电者所接触的带电体上，造成该相电源对地短路，迫使电路跳闸或熔断熔丝，达到切断电源的目的。在搭接带电体时，要注意救护者自身的安全。

5）在电线杆上触电，地面上一时无法施救时，仍可先将绝缘软导线一端良好接地，另一端抛掷到触电者接触的架空线上，使其相对地短路，跳闸断电。在操作时要注意两点：一是不能将接地软线抛在触电者身上，这会使通过人体的电流更大；二是注意不要让触电者从高空跌落。

注意：以上救护触电者脱离电源的方法，不适用于高压触电情况。

触电者脱离电源后，应根据其受电流伤害的不同程度，采用不同的施救方法。判断呼吸是否停止、脉搏是否搏动，根据简单判断的结果，对触电者受伤害的不同程度、不同症状表现可用下面的方法进行不同的救治。

2. 对不同情况的救治

1）触电者神志清醒，只是感觉头昏、乏力、心悸、出冷汗、恶心或呕吐，应让其静卧休息，以减轻心脏负担。

2）触电者神智断续清醒，出现一度昏迷。一方面请医生救治，另一方面让其静卧休息随时观察其伤情变化，做好万一恶化的施救准备。

3）触电者已失去知觉，但呼吸、心跳尚存，应在迅速请医生的同时，将其安放在通风、凉爽的地方平卧，给他闻一些氨水，摩擦全身，使之发热。如果触电者出现痉挛，呼吸渐渐衰弱，应立即施行人工呼吸，并准备担架，送医院救治。在去医院途中，如果出现"假死"，应边送边抢救。

4）触电者呼吸、脉搏均已停止，出现"假死"现象，应针对不同情况的"假死"现象对症处理。如果呼吸停止，可用口对口人工呼吸法，迫使触电者维持体内外的气体交换。如果心脏停止跳动，可用胸外心脏按压法，维持人体内的血液循环。如果呼吸、脉搏均已停止，上述两种方法应同时使用，并尽快向医院求救。下面介绍口对口人工呼吸法和胸外心脏按压法。

① 口对口人工呼吸法。对呼吸渐弱或已经停止的触电者，人工呼吸法是行之有效的。在几种人工呼吸法中效果最好的是口对口人工呼吸法，其操作步骤如下：

a. 首先使触电者仰卧在平直的木板上，解开衣领，松开上身的紧身衣服，使胸部可以自由扩张。除去口腔中的黏液、血液、食物和假牙等杂物。如果舌根下陷应将其拉出，使呼吸道畅通，头部应后仰，如图12-7所示。

b. 救护人位于触电者的一侧，一只手捏紧触电者的鼻孔，另一只手掰开其口腔。救护人深吸气后，紧贴着触电者的嘴唇吹气，使其胸部膨胀。之后，放松触电者的嘴鼻，使其自主呼气。如此反复进行，吹气2s，放松3s，大约5s一个循环，如图12-8和图12-9所示。

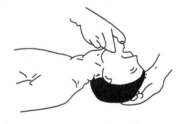
图12-7 头部后仰

图12-8 捏鼻掰嘴

c. 吹气时要捏紧鼻孔，紧贴嘴唇，不能漏气，放松时应能使触电者自主呼气，如图12-10所示。

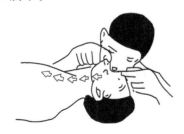
图12-9 贴紧吹气

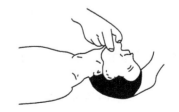
图12-10 放松换气

d. 对体弱者和儿童吹气时用力应稍轻，不可让其胸腹过分膨胀，以免肺泡破裂。当触电者开始自主呼吸时，人工呼吸应立即停止。

② 胸外心脏按压法。它是帮助触电者恢复心跳的有效方法。这种方法是用人工胸外按压代替心脏的收缩作用，具体操作如图 12-11 ~ 图 12-14 所示。

图 12-11 正确压点

图 12-12 两手相叠

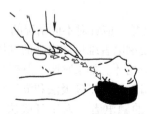

图 12-13 向下挤压

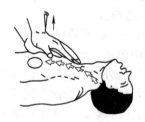

图 12-14 突然放开

a. 使触电者仰卧，姿势与进行人工呼吸时相同，但后背着地应结实。先找到正确的挤压点，救护者伸开手掌，中指尖抵住触电者颈部凹陷的下边缘（即锁骨窝下边缘），手掌的根部就是正确的压点。

b. 救护人跪跨在触电者腰部两侧的地上，身体前倾。两臂伸直，两手相叠，以手掌根部放至正确压点。

c. 掌根均衡用力连同身体的重量向下挤压。压出心室的血液，使其流至触电者全身各部位。对成人按压时，压陷深度为 3 ~ 5cm，对儿童用力要轻，太快太慢或用力过轻过重，都不能取得好的效果。

d. 挤压后掌根突然抬起，依靠胸廓自身的弹性，使胸腔复位，血液流回心室。重复步骤 c、d，以 60 次/min 左右为宜。

总之，要注意压点正确，下压均衡、放松迅速、用力速度适宜（慢慢压下，突然放开），要坚持做到心跳完全恢复。如果触电者心跳和呼吸都已停止，则应同时进行胸外心脏按压和人工呼吸。一人救护时，两种方法可交替进行；两人救护时，两种方法应同时进行，但要配合默契。

12.1.5 电气工程训练安全操作技术规程

1）进入实训室后，未经指导教师许可不准随便使用电器设备及各种电子仪表、电工工具等。

2）操作前要做好一切准备工作，将所需的工具和仪表放在合适的位置，不得随意堆放。

3）操作前要认真听老师讲解实践规范和要求，观察老师演示操作方法，做好笔记，避免违规操作。

4）接通电源前，要注意严格检查工具、仪表和引线有无破损、漏电或短路现象，经老师检查无误后方可通电，以免发生事故。

5）取用仪器、仪表和安装器件时要轻拿轻放，以免损坏。

6）若有不懂的地方要向老师请教，不得随意操作，避免造成不必要的损坏。

7）仪器、仪表使用完毕，要将各种旋钮恢复原位或零位，关闭电源开关。

8）电烙铁使用前要检查是否漏电，以免发生事故。电烙铁不用时要放在烙铁架上，不能随意摆放，以免人员烫伤、烧坏操作台及其他物品。焊接完毕，将烙铁断电，等放凉后再收起。

9）实训结束，将所有工具、仪表和材料放回指定位置，未经老师许可，不得私自带到实训室外。

10）若遇紧急情况，迅速按下急停开关。

12.2 常用电工工具和仪表

12.2.1 常用电工工具

电工工具是电气操作的基本手段之一。工具不符合规格，质量不好或使用不当，都将影响工作质量，降低工作效率，甚至造成事故。对电气操作人员，必须掌握电工常用工具的结构、性能和正确的使用方法。

1. 测电笔

测电笔是检验线路和设备带电部分是否带电的工具，通常有感应式和螺钉旋具式（钢笔式）两种，外形如图12-15所示。

a) 感应式   b) 螺钉旋具式

图12-15 测电笔外形

（1）感应式测电笔又称感应式验电器 如图12-15a所示，一般适用于直接检测12~220V的交直流电和间接测量交流电的零线、相线和断点检测，还可以测量不带电导体的通断。

1）直接检测。直接测量如图12-16a所示。

① 最后的数字为所测量的电压值。

② 未到高段显示值70%时，显示低段值。

③ 测量直流电时应手碰另一电极。

④ 多功能检测电压：可测量不带电导体，如电线、荧光灯、电容、变压器和电动机线圈等两端是否断路，测电笔探头测一端，用手握住另一端，通路发光管亮，断路则不亮。

⑤ 测量二极管正负极，若发光管亮则手握端为正极，探头端为负极；如两端都亮，则二极管短路；如都不亮，则断路，用同样的方法还能测量晶体管。

⑥ 可测量直流电压的正负极，如电池、直流电等，探头测一端，手摸另一端，若发光管亮则电笔端为正极，手摸端为负极。

2）间接检测。并排线路时应增大线间距或用手按住被测物，显示 N 为相线，如

图 12-16b 所示。

3）断点检测。沿相线纵向移动，显示窗内无显示时，所在位置为断点处，如图 12-16c 所示。

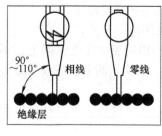

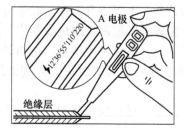

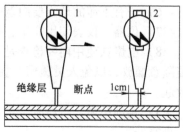

a)   b)   c)

图 12-16 感应式测电笔的使用方法

> 注意：①勿同时按住两个电极进行测试。②使用时若灯不亮，请检查电池接触是否良好或是否需要更换电池。

（2）螺钉旋具式（钢笔式）测电笔 使用时，注意手指必须接触金属笔挂（钢笔式）或测电笔顶部的金属螺钉（螺钉旋具式），使电流由被测带电体经测电笔和人体与大地构成回路，结构如图 12-17a、b 所示，正确的使用方法如图 12-17c 所示，图 12-17d 所示是错误的使用方法。当被测带电体与大地之间的电位超过 60V 时，用测电笔测试带电体，测电笔中的氖管就会发光，测电笔测试的范围为 60~500V。

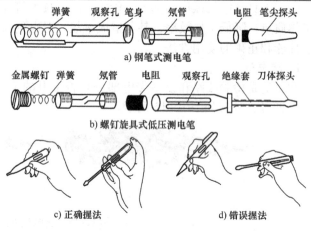

图 12-17 螺钉旋具式（钢笔式）测电笔的使用方法

> 注意：以手指握住测电笔笔身，食指触及笔身金属体（尾部），测电笔的小窗口朝向自己的眼睛。

测电笔的主要用途如下：

1）区别相线与中性线。在交流电路中，当测电笔触及导线时，氖管发亮的是相线。正常时，中性线不会使氖管发亮。

2）区别电压的高低。测试时可根据氖管发光的强弱来估计电压的高低。

3）区别直流电与交流电。交流电通过测电笔时，氖管里的两极同时发光；直流电通过测电笔时，氖管里两极只有一个发光。

4）区别直流电的正负极。把测电笔连接在直流电的正负极之间，氖管发光的一端为直流电的正极。

5）识别相线碰壳。用测电笔触及电动机、变压器等电气设备外壳，若氖管发光，则说明该设备相线有碰壳现象。如果壳体上有良好的接地装置，氖管是不会发光的。

6）识别相线接地。用测电笔触及三相三线制星形联结的交流电路时，有两根比通常稍亮，而另一根的亮度暗些，说明亮度较暗的相线有接地现象，但不太严重。如果两根很亮，而另一根不亮，则这一相有接地现象。在三相四线制电路中，当单相接地后，中性线用测电笔测量时，也会发亮。

2. 螺钉旋具

螺钉旋具是紧固或拆卸螺钉的专用工具，其外形结构如图 12-18 所示，按照其功能和头部形状不同可分为一字槽螺钉旋具和十字槽螺钉旋具，电工常用的十字槽螺钉旋具有 4 种规格：Ⅰ号适用的螺钉直径为 2 ~ 2.5mm，Ⅱ号为 3 ~ 5mm，Ⅲ号为 6 ~ 8mm，Ⅳ号为 10 ~ 12mm。使用时应注意以下两点：

1）根据螺钉大小、规格选用相应尺寸的螺钉旋具，应按螺钉的规格选用适合的刀口。以小代大或以大代小均会损坏螺钉与螺钉旋具。

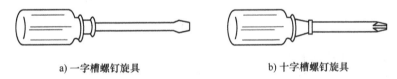

a) 一字槽螺钉旋具　　　　　　　　　　b) 十字槽螺钉旋具

图 12-18　螺钉旋具外形结构

2）使用螺钉旋具紧固或拆卸带电的螺钉时，手不得触及螺钉旋具的金属杆，以免发生触电事故。

3. 电工刀

电工刀是用来切削电工器材的工具，常用来切割电线、电缆包皮等，其外形结构如图 12-19所示。使用时应注意以下几点：

1）刀口无绝缘，不能在带电导线或器材上切割。

2）刀口朝外进行操作。

3）切割导线绝缘层时，刀面与导线成45°角倾斜，以免割伤线芯。

4）使用后要及时把刀身折入刀柄，以免切削刃受损或危及人身安全。

4. 钢丝钳、尖嘴钳、斜口钳、剥线钳

（1）钢丝钳　钢丝钳，一般有 150mm、175mm 和 200mm 3 种规格，其外形如图 12-20所示。其用途是夹持或折断金属薄板以及切断金属丝（导线），用来铡切粗电线线芯、钢丝或铅丝等较硬的金属。电工用钢丝钳的手柄必须绝缘，一般钢丝钳的绝缘护套耐压为 500V，适用于在低压带电设备上使用。使用钢丝钳应注意以下几点：

1）使用钢丝钳时，切勿碰伤、损伤或烧伤绝缘手柄，并注意防潮。

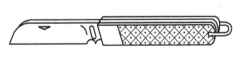

图 12-19　电工刀外形

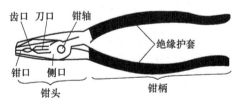

图 12-20　钢丝钳外形

139

2）钳轴要经常加油，防止生锈，保持操作灵活。

3）带电操作时，手与钢丝钳的金属部分要保持 2cm 的距离。

4）根据不同用途，选用不同规格的钢丝钳。

（2）尖嘴钳　尖嘴钳外形结构如图 12-21a 所示。尖嘴钳的头部尖细，使用灵活方便，适用于狭小的工作空间或带电操作低压电气设备，也可用于电气仪表制作或维修，钳夹细小的导线和金属丝等，夹持小螺钉和垫圈，并可将导线端头弯曲成形。电工维修时，应选用带有耐酸塑料套管绝缘手柄、耐压在 500V 以上的尖嘴钳，常用规格有 130mm、160mm、180mm 和 200mm 4 种。

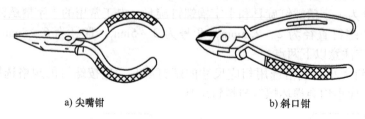

a) 尖嘴钳　　　　　　　　　　b) 斜口钳

图 12-21　钳子

使用尖嘴钳时应注意以下 4 点：

1）操作时，手离金属部分的距离应不小于 2cm，以保证人身安全。

2）因钳头部分尖细，又经过热处理，钳夹物不可太大，用力切勿过猛，以防损坏钳头。

3）使用后应将尖嘴钳清洁干净。钳轴要经常加油，以防生锈。

4）不可使用绝缘手柄已损坏的尖嘴钳切断带电导线。

（3）斜口钳　斜口钳头部扁斜，电工用斜口钳的钳柄采用绝缘柄，外形如图 12-21b 所示，其耐压为 1000V。斜口钳专门用于剪断较粗的金属丝、线材及电线、电缆等。

（4）剥线钳　剥线钳有自动式和直力式两种，由钳头和手柄组成，如图 12-22 所示。其作用

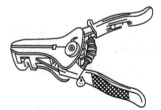
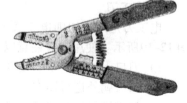

a) 自动式剥线钳　　　　　b) 直力式剥线钳

图 12-22　剥线钳外形

是用来剥离小直径导线绝缘层，手柄绝缘层耐压为 500V。

自动式剥线钳的使用方法如下：一手握住钳柄，另一手将带绝缘层的导线插入相应直径的切口中，卡好尺寸后用力握手柄即可把插入部分的绝缘层割断自动去掉，并不损伤导线。直力式剥线钳使用方法如下：一手握住钳柄，另一手将带绝缘层的导线插入相应直径的切口中，用力握手柄，另一手向外拉导线即可。

> 注意：使用剥线钳时，应量好线径，插入的切口应与线径的直径相匹配，使用时，切口大小必须与导线芯线直径相匹配，过大则难以剥离绝缘层，过小则会损伤或切断芯线。

5. 扳手

扳手有活扳手和呆扳手两种，是用来拧紧或松开六角螺母、方头螺栓、螺钉和螺母的常用工具。

（1）活扳手 活扳手的钳口可在规定范围内任意调节，其结构如图 12-23a 所示。活扳手规格较多，电工常用的有 150mm × 19mm、200mm × 24mm、250mm × 27mm 和 300mm × 34mm 等几种。扳动较大螺母时，所用力矩较大，手应握在手柄尾部，如图 12-23b 所示。扳动较小螺母时，为防止钳口处打滑，手可握在接近头部的位置，且用拇指调节和稳定蜗轮，如图 12-23c 所示。

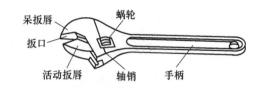

a) 活扳手结构图

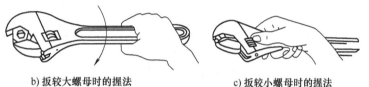

b) 扳较大螺母时的握法

c) 扳较小螺母时的握法

图 12-23 扳手结构

使用活扳手时，不能反方向用力，否则容易扳裂活动扳唇，也不准用钢管套在手柄上作加力杆使用，更不准用作撬棍撬重物或当锤子敲打。旋动螺母时，必须把工件的两侧平面夹牢，以免损坏螺杆或螺母的棱角。

（2）呆扳手 呆扳手规格多样，其外形如图 12-24 所示。

呆扳手的使用方法如下：

1）选择与螺母规格相同类别的扳手。

2）顺时针转动手柄即拧紧，逆时针转动即松开。

3）对反扣的螺母要按上一条中相反方向使用。

4）拧小螺母时握点靠前，拧大螺母时握点靠后。

> 呆扳手使用时的注意事项如下：①使用扳手时，一律严禁带电操作。②活扳手的开口调节应以既能夹住螺母又能方便地提取扳手、转换角度为宜。③任何时候都不得将扳手当作锤子使用。

6. 镊子

镊子是电子电器维修中必不可少的小工具，主要用于挟持导线线头、元器件等小型工件或物品。通常由不锈钢制成，有较强的弹性。头部较宽、较硬，且弹性较强者可以夹持较大物件，反之可以夹持较小物件。镊子的外形如图 12-25 所示。

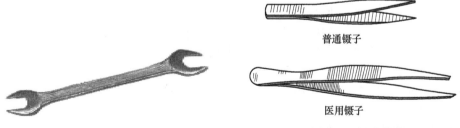

普通镊子

医用镊子

图 12-24 呆扳手外形   图 12-25 镊子外形

141

7. 电烙铁

电烙铁如图 12-26 所示，主要用于锡焊和镀锡等。

（1）常用电烙铁的种类和功率 常用电烙铁分内热式和外热式两种。内热式电烙铁的

图 12-26　电烙铁

烙铁头在电热丝的外面，这种电烙铁加热快且重量轻。外热式电烙铁的烙铁头是插在电热丝里面的，它加热虽然较慢，但相对比较牢固。

电烙铁直接用 220V 交流电源加热。电源线和外壳之间应是绝缘的，电源线和外壳之间的电阻应大于 200MΩ。

电烙铁通常的规格有 30W、35W、40W、45W 和 50W。功率较大的电烙铁，其电热丝电阻较小。由欧姆定律可导出公式：$R = U/I = (U/I) \times (U/U) = U^2/P$。

（2）电烙铁使用时的注意事项

1）新买的电烙铁在使用之前必须先给它蘸上一层锡（给电烙铁通电，然后在电烙铁加热到一定温度的时候用焊锡丝靠近电烙铁头），使用久了的电烙铁头部较亮，然后通电加热升温，并将电烙铁头蘸上一点松香，待松香冒烟时再在烙铁头表面镀上一层锡。

2）电烙铁通电后温度高达 250℃ 以上，不用时应放在烙铁架上，但较长时间不用时应切断电源，防止高温"烧死"烙铁头（被氧化）。要防止电烙铁烫坏其他元器件，尤其是电源线，若其绝缘层在未察觉的情况下被烙铁烧坏，便容易引发安全事故。

3）不要对电烙铁猛力敲打，以免振断电烙铁内部电热丝或引线而产生故障。

4）电烙铁使用一段时间后，可能在电烙铁头部留有锡垢，在电烙铁加热的条件下，可以用湿布轻擦。若出现凹坑或氧化块，应用细纹锉刀修复或者直接更换电烙铁头。

5）焊接操作姿势与卫生。焊剂加热挥发出的化学物质对人体是有害的，如果操作时鼻子距离电烙铁头太近，则很容易将有害气体吸入。一般电烙铁与鼻子之间的距离应不小于 30cm，通常以 40cm 为宜。

电烙铁拿法有 3 种，如图 12-27所示。反握法动作稳定，长时间操作不宜疲劳，适于大功率烙铁的操作。正握法适于中等功率烙铁或带弯头电烙铁的操作。一般在操作台上焊印制电路板等焊件、导线镀锡时多采用握笔法。

反握法　　　　　正握法　　　　握笔法

图 12-27　电烙铁的握法

焊锡丝一般有两种拿法，如图 12-28所示。由于焊丝成分中含有一定比例的铅，众所周知铅是对人体有害的重金属，因此操作时应戴手套或在操作后及时洗手，避免误食。

使用电烙铁要配置烙铁架，一般放置在工作台右前方，电烙铁用后一定要

a）连续锡焊时焊锡丝的拿法　　b）断续锡焊时焊锡丝的拿法

图 12-28　焊锡丝的拿法

稳妥放置在烙铁架上，并注意导线等物不要碰电烙铁头，以免被电烙铁烫坏绝缘层后发生短路。

12.2.2　万用表

万用表是电工在安装、维修电气设备时用得最多的仪器，其用途广泛、便于携带。一般可测量电阻、交直流电流和电压等，还可测量音频电平、电感、电容和晶体管的 β 值，图 12-29 所示为数字万用表（MS8261 型）。

（1）面板结构。

（2）基本使用方法

1）检验好坏。首先应检查数字万用表外壳及表笔是否损伤，若无损伤再做如下检查：

① 将电源开关打开，显示器应有数字显示。若显示器出现欠电压符号，应及时更换电池。

② 表笔孔旁的"MAX"符号，表示测量时被测电路的电流、电压不得超过量程规定值，否则将损坏内部测量电路。

③ 测量时，应选择合适量程，若不知被测值大小，可将转换开关置于最大量程档，在测量中按需要逐步下降。

④ 如果显示器显示"1"，一种表示量程偏小，称为"溢出"，此时需选择较大的量程；另一种表示无穷大。

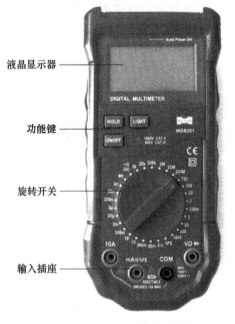

液晶显示器

功能键

旋转开关

输入插座

图 12-29　MS8261 型数字万用表

⑤ 当转换开关置于欧姆档、二极管测量档时不得引入电压。

2）测量直流电压，直流电压的测量范围为 0～1000V，共分五档，被测量值不得高于 1000V 的直流电压。

① 将黑表笔插入"COM"插孔，红表笔插入"VΩ▶┤"插孔。

② 将转换开关置于直流电压档的相应量程。

③ 将表笔并联在被测电路两端，红表笔接高电位端，黑表笔接低电位端。

3）测量直流电流。直流电流的测量范围为 0～10A，共分 4 档。

① 测量范围在 0～200mA 时，将黑表笔插入"COM"插孔，红表笔插入"mA"插孔；测量范围在 200mA～10A 时，红表笔应插入"10A"插孔。

② 转换开关置于直流电流档的相应量程。

③ 两表笔与被测电路串联，且红表笔接电流流入端，黑表笔接电流流出端。

④ 被测电流大于所选量程时，电流会烧坏内部保险。

4）测量交流电压。测量范围为 0～750V，共分 5 档。

① 将黑表笔插入"COM"插孔，红表笔插入"VΩ▶┤"插孔。

② 将转换开关置于交流电压档的相应量程。

③ 红黑表笔不分极性，且与被测电路并联。

5）测量交流电流。测量范围为 0～10A，共分 3 档。

① 表笔插法与"测量直流电流"相同。

② 将转换开关置于交流电流档的相应量程。

③ 表笔与被测电路串联，红黑表笔不需考虑极性。

6）测量电阻。测量范围为 0～200MΩ，共分 7 档。

① 黑表笔插入"COM"插孔，红表笔插入"VΩ▶┠"插孔。

② 将转换开关置于电阻档的相应量程。

③ 表笔开路或被测电阻值大于量程时，显示为"1"。

④ 仪表与被测电路并联。

⑤ 严禁被测电阻带电，且所得阻值直接读数无须乘倍率。

⑥ 测量大于 1MΩ 电阻值时，几秒钟后读数方能稳定，属于正常现象。

7）测量电容。测量范围为 0～2nF，共分 5 档。

① 将转换开关置于电容档的相应量程。

② 将待测电容两引脚插入"CX"插孔即可读数。

8）二极管测试和电路通断检查。

① 将黑表笔插入"COM"插孔，红表笔插入"VΩ▶┠"插孔。

② 将转换开关置于二极管符号和 200Ω 档位置。

③ 红表笔接二极管正极，黑表笔接其负极，则可测得二极管正向压降的近似值。

④ 将两只表笔分别触及被测电路两点，当两点电阻值小于 70Ω 时，表内蜂鸣器发出叫声则说明电路是通的；反之，则不通。可以此来检查电路通断。

9）晶体管共发射极直流电流放大系数的测试。

① 将转换开关置于 h_{FE} 位置。

② 测试条件为 $I_b = 10\mu A$，$U_{cE} = 2.8V$。

③ 3 只引脚分别插入仪表相应插孔，显示器将显示出 h_{FE} 的近似值。

> 注意：①数字万用表内置电池后方可进行测量工作，使用前应检查电池电源是否正常。②检查仪表正常后方可接通仪表电源开关。③用导线连接被测电路时，导线应尽可能短，以减少测量误差。④接线时先接地线端，拆线时后拆地线端。⑤测量小电压时，逐渐减小量程，直至合适为止。⑥数显表和晶体管（电子管）电压表过负荷能力较差。为防止损坏仪表，通电前应将量程选择开关置于最高电压档位置，并且每测一个电压以后，应立即将量程开关置于最高档。⑦多数电压表均测量电压有效值（有的仪表测量的基本量为最大值或平均值）。

12.3 常用低压电器

12.3.1 电器的分类

凡是对电能的生产、输送、分配和应用起控制、调节、检测、转换及保护作用的器件均称为电器。电器的用途广泛，种类繁多，构造各异，功能多样。通常可按以下方式分类：

1. 按工作电压分类

（1）低压电器 指工作电压在交流 1000V、直流 1200V 以下的电器。低压电器常用于低压供配电系统和机电设备自动控制系统中，实现电路的保护、控制、检测和转换等，如各种刀开关、按钮、继电器和接触器等。

（2）高压电器　指工作电压在交流 1000V、直流 1200V 以上的电器。高压电器常用于高压供配电电路中，实现电路的保护和控制等，如高压断路器和高压熔断器等。

2. 按动作方式分类

（1）手动电器　这类电器的动作是由工作人员手动操纵的，如刀开关、组合开关及按钮等。

（2）自动电器　这类电器是按照操作指令或参量变化信号自动动作的，如接触器、继电器、熔断器和行程开关等。

3. 按作用分类

（1）执行电器　执行电器是用来完成某种动作或传递功率的，如电磁铁和电磁离合器等。

（2）控制电器　控制电器是用来控制电路的通断的，如开关和继电器等。

（3）主令电器　主令电器是用来控制其他自动电器的动作，以发出控制"指令"的，如按钮和行程开关等。

（4）保护电器　保护电器是用来保护电源、电路及用电设备的，使它们不致在短路、过负荷等状态下运行时遭到损坏，如熔断器和热继电器等。

4. 按工作环境分类

（1）一般用途的低压电器　这种电器用于海拔高度不超过 2000m，周围环境温度在 $-25 \sim 40℃$ 之间，空气相对湿度为 90%，安装倾斜度不大于 5°，无爆炸危险的介质及无显著摇动和冲击振动的场合。

（2）特殊用途的电器　这种电器是在特殊环境和工作条件下使用的各类低压电器，通常是在一般用途的低压电器基础上派生而成，如防爆电器、船舶电器、化工电器、热带电器、高原电器以及牵引电器等。

12.3.2　低压电器的基本组成结构和主要性能参数

低压电器通常是指在 1000V 以下的电力线路中起保护、控制或调节等作用的电器设备。低压电器的种类繁多，用途很广，但就其用途或所控制的对象可分为低压配电电器和低压控制电器两大类。低压配电电器主要用于低压配电系统中，要求工作可靠，在系统产生异常情况时能准确动作，并有足够的热稳定性和动稳定性。低压控制电器主要用于电力传动系统中，要求使用寿命长、体积小、质量轻且动作可靠。

1. 低压电器的基本组成结构

低压电器在结构上种类繁多，且没有固定的结构形式。因此，在讨论各种低压电器的结构时显得较为烦琐。但是，从低压电器各组成部分的作用上去理解，低压电器一般有感受部分、执行部分和灭弧机构 3 个基本组成部分。

（1）感受部分　用来感受外界信号并根据外界信号作特定的反应或动作。不同电器的感受部分的结构不一样。对于手动电器来说，操作手柄就是感受部分；而对电磁式电器而言，感受部分一般指电磁机构。

（2）执行部分　根据感受机构的指令，对电路进行"通断"操作。对电路实行"通断"控制的工作由触点来完成，所以，执行部分一般是指电器的触点。

（3）灭弧机构　触点在一定条件下断开电流时往往伴随有电弧或火花。电弧或火花对断开电流的时间和触点的使用寿命都有极大的影响，特别是电弧，必须及时熄灭。用于熄灭电弧的机构称为灭弧机构。

2. 低压电器的主要性能参数

从某种意义上说，可以将低压电器定义为：根据外界信号的规律（有无或大小等），实现电路通断的一种"开关"。

低压电器种类繁多，控制对象的性质和要求也不一样。为了正确、合理、经济地使用电器，每一种电器都有一套用于衡量电器性能的技术指标。电器主要的技术参数有额定绝缘电压、额定工作电压、额定发热电流、额定工作电流、通断能力、电气寿命和机械寿命等。

（1）额定绝缘电压　这是一个由电器结构、材料和耐压等因素决定的名义电压值。额定绝缘电压为电器最大的额定工作电压。

（2）额定工作电压　额定工作电压是指低压电器在规定条件下长期工作时，能保证电器正常工作的电压值。通常是指主触点的额定电压。有电磁机构的控制电器还规定了吸引线圈的额定电压。

（3）额定发热电流　额定发热电流是指在规定条件下，低压电器长时间工作，各部分的温度不超过极限值时所能承受的最大电流值。

（4）额定工作电流　额定工作电流是保证低压电器在正常工作时的电流值。相同电器在不同的使用条件下，有不同的额定工作电流等级。

（5）通断能力　低压电器在规定的条件下，能可靠接通和分断的最大电流为通断能力。通断能力与电器的额定电压、负荷性质和灭弧方法等有很大关系。

（6）电气寿命　低压电器在规定条件下，在不需修理或更换零件时的负荷操作循环次数。

（7）机械寿命　低压电器在需要修理或更换机械零件前所能承受的负荷操作次数。

12.3.3　常用低压电器

1. 低压断路器

低压断路器又称自动断路器，它主要用于交、直流低压电路中，既可手动也可电动分合电路。当电气设备出现过负荷、短路和失电压等故障时，低压断路器会对电路产生保护，也可控制电动机不频繁地起动和停止。低压断路器具有保护功能多样、动作后不需要更换元件、动作电流可按需要整定、工作可靠、安装方便和分断能力较强等特点，因此广泛应用于各种动力线路和机床设备中。它是低压电路中重要的保护电器之一，但低压断路器的操作传动机构比较复杂，因此不能频繁开关动作。

（1）断路器的结构　几种常用断路器结构示意如图 12-30 所示。

断路器有框架式（又称万能式）和塑料外壳式（又称装置式）两大类。框架式断路器为敞开式结构，适用于大容量配电装置。塑料外壳式断路器的特点是各部分元件均安装在塑料壳体内，具有良好的安全性，结构紧凑简单，可独立安装，常用作供电线路的保护开关、电动机或照明系统的控制开关，也广泛用于电器控制设备及建筑物内的电源线路保护及对电动机运行过负荷和短路保护。低压断路器一般由触点系统、灭弧系统、操作系统、脱扣器及外壳或框架等组成。各部分的作用如下：

1）触点系统。触点系统用于接通和断开电路。触点的结构形式有对接式、桥式和插入式 3 种，一般由银合金材料和铜合金材料制成。

2）灭弧系统。灭弧系统有多种结构形式，采用的灭弧方式有窄缝灭弧和金属栅灭弧。

3）操作系统。操作系统用于实现断路器的闭合与断开，有手动操作机构、电动机操作结构和电磁操作机构等。

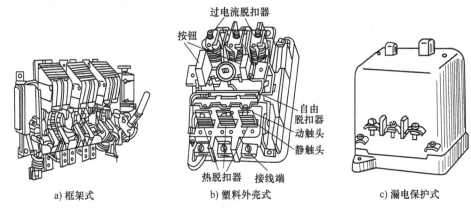

图 12-30 几种常用断路器结构示意图

4）脱扣器。脱扣器是断路器的感测元件，用来感测电路特定的信号（如过电压和过电流等）。电路一旦出现非正常信号，相应的脱扣器就会动作。通过联动装置使断路器自动跳闸而切断电路。脱扣器的种类很多，有电磁脱扣器、热脱扣器、自由脱扣器和漏电脱扣器等。电磁脱扣器又分为过电流脱扣器、欠电流脱扣器、过电压脱扣器、欠电压脱扣器及分励脱扣器等。

（2）断路器的工作原理与型号含义

1）工作原理。通过手动或电动等操作机构可使断路器合闸，从而使电路接通。当电路发生故障（短路、过负荷和欠电压等）时。通过脱扣装置使断路器自动跳闸，达到不发生故障的目的。断路器的图形符号和文字符号如图 12-31 所示。

图 12-32 为断路器工作原理示意图。断路器工作原理分析如下：当主触点闭合后，若 1 相电路发生短路或过电流（电流达到或超过过电流脱扣器动作值）事故时，过电流脱扣器的衔铁吸合，驱动自由脱扣器动作，主触点在弹簧的作用下断开；当电路过负荷时（1 相），热脱扣器的热元件发热，使双金属片产生足够的弯曲，推动自由脱扣器动作，从而使主触点切断电路；当电源电压不足（小于欠电压脱扣器释放值）时，欠电压脱扣器的衔铁释放使自由脱扣器动作，主触点切断电路。分励脱扣器用于远距离切断电路。当需要分断电路时，按下分断按钮，分励脱扣器线圈通电，衔铁驱动自由脱扣器动作，使主触点切断电路。

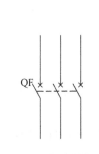

图 12-31 断路器的图形
符号和文字符号

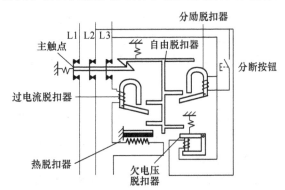

图 12-32 断路器工作原理示意图

2）型号含义。低压断路器按结构形式，可分为塑料外壳式（DZ 系列）和框架式（DW 系列）两类，其型号含义如下：

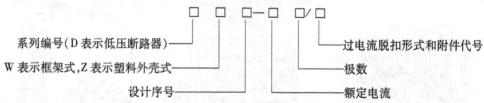

例如 DZ15—200/3，"DZ"表示开关类型为断路器，其中"Z"表示塑料外壳式（若为"S"则表示快速式，"M"表示灭弧式），"15"表示设计序号，"200"表示额定电流为 200A，"3"表示极数为三极。

常用的框架式低压断路器有 DW10 和 DW15 两个系列；塑料外壳式低压断路器有 DZ5、DZ10 和 DZ20 等系列，其中 DZ20 为统一设计的新产品。

（3）断路器的选用

1）应根据具体使用条件和被保护对象的要求选择合适的类型。

2）一般在电气设备控制系统中，常选用塑料外壳式或漏电保护式断路器。在电力网主干线路中主要选用框架式断路器，而在建筑物的配电系统中则一般采用漏电保护式断路器。

3）断路器的额定电压和额定电流应不小于电路的额定电压和最大工作电流。

4）脱扣器整定电流的计算。热脱扣器的整定电流应与所控制负荷（如电动机等）的额定电流一致。电磁脱扣器的瞬时动作整定电流应大于负荷电路正常工作的最大电流。

对于单台电动机来说，DZ 系列自动断路器电磁脱扣器的瞬时动作整定电流 I_Z 可按下式计算，即

$$I_Z \geqslant KI_q$$

式中　K——安全系数，可取 $1.5 \sim 1.7$；

　　I_q——电动机的起动电流（A）。

对于多台电动机来说，可按下式计算

$$I_Z \geqslant KI_{qmax} + \sum I$$

式中　$\sum I$——电路中其余电动机额定电流的总和（A）；

　　I_{qmax}——最大一台电动机的起动电流（A）。

5）断路器用于保护电动机时，一般电磁脱扣器的瞬时脱扣整定电流应为电动机起动电流的 1.7 倍。

6）断路器用于多台电动机短路保护时，一般电磁脱扣器的整定电流为功率最大的一台电动机起动电流的 1.3 倍，还要再加上其余电动机额定电流之和。

7）用于分断或接通电路时，其额定电流和热脱扣器的整定电流均应大于或等于电路中负荷额定电流的两倍。

8）选择断路器时，在类型、等级和规格等方面要与上、下级开关的保护特性相配合，不允许因下级保护失灵导致上级跳闸，扩大停电范围。

（4）安装维护方法

1）在安装断路器前应将脱扣器的电磁铁工作面的防锈油脂抹净，以免影响电磁机构的

动作值。

2）断路器应上端接电源，下端接负荷。

3）断路器与熔断器配合使用时，熔断器应尽可能装于断路器之前，以保证使用安全。

4）电磁脱扣器的整定值一经调好后就不允许随意更改，长时间使用后要检查其弹簧是否生锈卡住，以免影响其动作。

5）在分断短路电流后应在切除上一级电源的情况下及时检查断路器触点。若发现有严重的电灼痕迹，可用干布擦去；若发现触点烧毛，可用砂纸或细锉小心修整，但主触点一般不允许用锉刀修整。

6）应定期清除断路器上的积尘和检查各种脱扣器的动作值，操作机构在使用一段时间（1~2年）后，应在传动机构部分加润滑油（小功率塑料外壳式断路器不需要）。

7）灭弧室在分断短路电流后，或较长时间使用之后，应清除灭弧室内壁和栅片上的金属颗粒和黑烟灰，若灭弧室已破损，决不能再使用。

> 注意：①在确定断路器的类型后，应进行具体参数的选择。②断路器的底板应垂直于水平位置，固定后应保持平整，倾斜度不大于5°。③有接地螺钉的断路器应可靠连接地线。④具有半导体脱扣装置的断路器，其接线端应符合相序要求，脱扣装置的端子应可靠连接。

2. 按钮

按钮是一种手动操作接通或分断小电流控制电路的主令电器。一般情况下它不直接控制主电路的通断，而是在控制电路中发出指令去控制接触器和继电器等电器，再由它们来控制主电路。根据按钮触点结构、触点组数和用途的不同，按钮可分为起动按钮（动合按钮）、停止按钮（动断按钮）和复合按钮（动断、动合组合按钮），一般使用的按钮多为复合按钮。

（1）按钮的结构　按钮由按钮帽、复位弹簧、桥式动触点、静触点和外壳等组成。其触点允许通过的电流很小，一般不超过5A。根据使用要求、安装形式和操作方式的不同，按钮的种类很多。根据触点结构不同，按钮可分为停止按钮、起动按钮及复合按钮。复合按钮在按下按钮帽时，首先断开动断触点，再通过一小段时间后接通动合触点；松开按钮帽时，复位弹簧先使动合触点分断，通过一小段时间后动开触点才闭合，如图12-33所示。部分常见按钮的外形如图12-34所示。

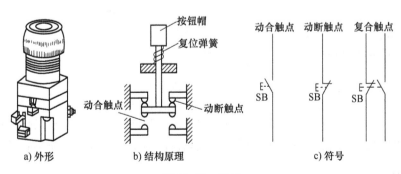

a) 外形　　　b) 结构原理　　　c) 符号

图12-33　按钮

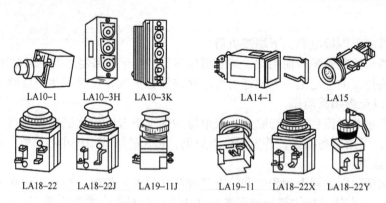

图 12-34　常见按钮的外形

（2）型号含义　型号格式如下：

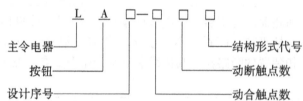

例如 LA19—22K，"LA"表示电器类型为按钮，"19"表示设计序号，第 1 个"2"表示动合触点数为 2 对，第 2 个"2"表示动断触点数为 2 对，"K"表示按钮的结构类型为开启式（其余常用类型分别为："H"表示保护式，"X"表示旋钮式，"D"表示带指示灯式，"J"表示紧急式，若无标示则表示平钮式）。

（3）按钮的选用

1）根据使用场合，选择按钮的种类，如开启式、保护式、防水式和防腐式等。

2）根据用途，选用合适的形式，如手把旋钮式、钥匙式、紧急式和带灯式等。

3）按控制回路的需要，确定不同按钮数，如单钮、双钮、三钮和多钮。

4）按工作状态指示和工作情况要求，选择按钮和指示灯的颜色（参照国家现行标准）。

5）核对按钮的额定电压、电流等指标是否满足要求。常用控制按钮的型号有 LA4、LA10、LA18、LA19、LA20 和 LA25 等系列。

（4）按钮的安装　按钮安装在面板上时，应布置合理，排列整齐。可根据生产机械或机床起动、工作的先后顺序，从上到下或从左至右依次排列。如果它们有几种工作状态（如上、下，前、后，左、右和松、紧等），应将每一组正反状态的按钮安装在一起。

在面板上固定按钮时应安装牢固。停止按钮用红色，起动按钮用绿色或黑色。按钮较多时，应在醒目且便于操作处用红色蘑菇头设置总停按钮，以应对紧急情况。

注意：由于按钮的触点间距较小，有油污时极易发生短路故障，故使用时应经常保持触点间的清洁。用于高温场合时，塑料容易变形老化，导致按钮松动，引起接线螺钉间相碰而短路，在安装时可视情况再多加一个紧固垫圈，使两个并紧。带指示灯的按钮由于灯泡要发热，时间长时易使塑料灯罩变形，造成调换灯泡困难，故此按钮不宜长时间通电。

---

3. 行程开关

行程开关又称位置开关或限位开关，其作用与按钮相同，只是触点的动作不靠手动操作，而是利用生产机械运动部件的碰撞使触点动作来实现接通或分断控制电路，达到一定的控制目的。通常，这类开关被用来限制机械运动的位置或行程，使运动机械按一定位置或行程自动停止、反向运动、变速运动或自动往返运动等。

（1）行程开关的结构　行程开关的作用是将机械位移转变为触点的动作信号，以控制机械设备的运动，在机电设备的行程控制中有很大作用。行程开关的工作原理与控制按钮相同，不同之处在于行程开关是利用机械运动部分的碰撞而使其动作的，而按钮则是通过人力使其动作的。

根据机械运动部件的不同结构与要求，行程开关的形式很多，常用的有滚轮式（旋转式）、按钮式（直动式）和微动式 3 种。有的能自动复位，有的则不能自动复位。图 12-35 所示为行程开关的外形。图 12-36 所示为行程开关的结构和电气符号。行程开关由操作头、触点系统和金属壳组成。金属壳里有顶杆、弹簧片、动断触点、动合触点和弹簧。

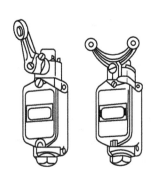 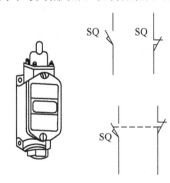

图 12-35　行程开关的外形　　　　图 12-36　行程开关的结构和电气符号

1）直动式行程开关。其结构如图 12-37a 所示。这种行程开关的特点是结构简单、成本较低，但触点的运行速度取决于挡铁移动的速度。若挡铁移动速度太慢，则触点就不能瞬时切断电路，使电弧或电火花在触点上滞留时间过长，易使触点损坏。这种开关不宜用于挡铁移动速度小于 0.4m/min 的场合。

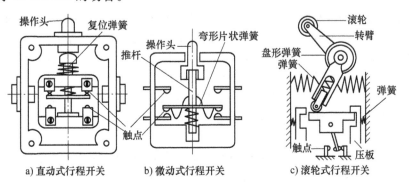

图 12-37　几种常见行程开关结构示意图

151

2）微动式行程开关。其结构如图 12-37b 所示。这种开关的优点是有储能动作机构、触点动作灵敏、速度快并与挡铁的运动速度无关。其缺点是触点电流容量小、操作头的行程短，使用时操作头部分容易损坏。

3）滚轮式行程开关。其结构如图 12-37c 所示。这种开关具有触点电流容量大、动作迅速和操作头动作行程大等特点，主要用于低速运行的机械。行程开关还有很多种不同的结构形式，一般都是在直动式或微动式行程开关的基础上加装不同的操作头构成。

（2）行程开关的型号含义

行程开关型号格式如下：

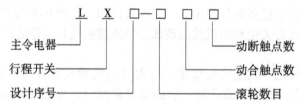

例如 JLXK1—211，"J"表示电器类型为机床电器，"L"表示为主令电器，"X"表示为行程开关，"K"表示为快速式，"1"表示设计序号，"2"表示行程开关类型为双轮式（其余常用类型分别为："1"表示单轮式，"3"表示直动不带轮式，"4"表示直动带轮式），第一个"1"表示动合触点数为 1 对，第二个"1"表示动断触点数为 1 对。

（3）行程开关的选用

1）根据应用场合及控制对象选择，有一般用途行程开关和起重设备用行程开关。

2）根据安装环境选择结构形式，有开启式、防护式等。

3）应根据被控制电路的特点、要求和所需触点数量等因素综合考虑。

4）根据机械运动与行程开关相互间的传动与位移的关系选择合适的操作头形式。

5）根据控制回路的额定电压和额定电流选择系列。常用行程开关的型号有 LX5、LX10、LX19、LX31、LX32、LX33、LXW-11 和 JLXK1 等系列。

（4）行程开关的安装　安装时应检查所选行程开关是否符合要求，滚轮固定应恰当，有利于生产机械经过预定位置或行程时能较准确地实现行程控制。

> 注意：安装行程开关时，应注意滚轮方向不能装反，与生产机械的撞块相碰撞的位置应符合线路要求。

4. 接触器

接触器是一种通用性很强的开关式电器，是电力拖动与自动控制系统中一种重要的低压电器。它可以频繁地接通和分断交直流主电路，是有触点电磁式电器的典型代表，相当于一种自动电磁式开关，是利用电磁力的吸合和反向弹簧力作用使触点闭合和分断，从而使电路接通和断开。接触器具有欠电压释放保护及零电压保护，控制功率大，可运用于频繁操作和远距离控制，具有工作可靠、寿命长、性能稳定和维护方便等优点，主要用来控制电动机，也可用来控制焊机、电阻炉和照明器具等电力负荷。接触器不能切断短路电流，因此通常需与熔断器配合使用。

接触器的分类方法较多，可以按驱动触点系统动力来源的不同分为电磁式接触器、气动式接触器和液动式接触器；也可按灭弧介质的性质，分为空气式接触器、油浸式接触器和真空接触器等；还可按主触点控制的电流性质，分为交流接触器和直流接触器等。本节主要介绍在电力控制系统中使用最为广泛的电磁式交流接触器。

（1）交流接触器结构　交流接触器由电磁系统、触点系统和灭弧系统 3 部分组成。电磁系统一般为交流电磁机构，也可采用直流电磁机构。吸引线圈为电压线圈，使用时并接在电压相应的控制电源上。触点可分为主触点和辅助触点，主触点一般为三极动合触点，电流容量大，通常装设灭弧结构，因此，具有较强的电流通断能力，主要用于大电流电路（主电路）；辅助触点电流容量小，不专门设置灭弧结构，主要用在小电流电路（控制电路或其他辅助电路）中作联锁或自锁用。图 12-38 所示为交流接触器的结构和外形、触点类型及电气符号。

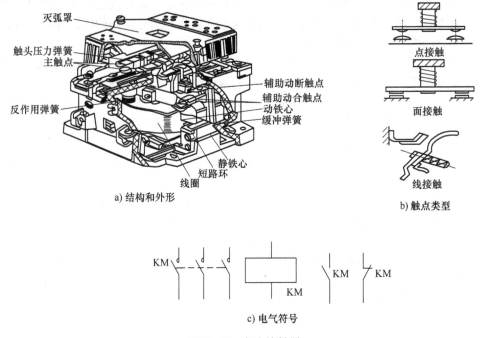

a) 结构和外形

b) 触点类型

c) 电气符号

图 12-38　交流接触器

1）电磁系统。电磁系统是接触器的重要组成部分，它由吸引线圈和磁路两部分组成，磁路包括静铁心、动铁心、铁轭和空气隙，利用气隙将电磁能转化为机械能，带动动触点与静触点接通或断开。图 12-39 所示为 CJ20 接触器电磁系统结构图。

交流接触器的线圈由漆包线绕制而成，以减少铁心中的涡流损耗，避免铁心过热。在铁心上装有一个短路的铜环作为减振器，如图 12-40 所示，使铁心中产生不同相位的磁通量，以减少交流接触器吸合时的振动和噪声。其材料一般为铜、康铜或镍铬合金。

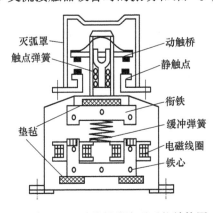

图 12-39　CJ20 接触器电磁系统结构图

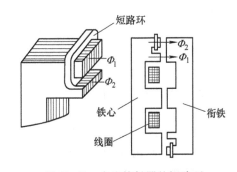

图 12-40　交流接触器的短路环

电磁系统的吸力与气隙的关系曲线称为吸力特性曲线，它随励磁电流的种类（交流和直流）和线圈的连接方式（串联或并联）的不同而有所差异。反作用力的大小与反作用弹簧的弹力和动铁心质量有关。

2）触点系统。触点系统是用来直接接通和分断所控制的电路。根据用途不同，接触器的触点分主触点和辅助触点两种。辅助触点通过的电流较小，通常接在控制回路中。主触点通过的电流较大，接在电动机主电路中。触点是用来接通和断开电路的执行元件。按其接触形式可分为点接触、面接触和线接触 3 种。

① 点接触。它由两个半球形触点或一个半球形与另一个平面形触点构成，如图 12-38b 所示。常用于控制小电流的电器中，如接触器的辅助触点或继电器触点。

② 面接触。可允许通过较大的电流，应用较广，如图 12-38b 所示。在这种触点的表面上镶有合金，以减小接触电阻和提高耐磨性，多用于较大容量接触器上的主触点。

③ 线接触。它的接触区域是一条直线，如图 12-38b 所示。触点在通断过程中是滚动接触的。其好处是可以自动清除触点表面的氧化膜，保证了触点的良好接触。这种滚动接触多用于中等容量的触点，如接触器的主触点。

3）灭弧系统。在触点分离的瞬间，间隙很小，电路电压几乎全部降落在动、静两触点之间，在触点间形成了很高的电场强度，负极中的自由电子会逸出到气隙中，并向正极加速运动。由于撞击电离、热电子发射和热游离的结果，在动、静两触点间呈现大量向正极飞驰的电子流，形成电弧。随着两触点间距离的增大，电弧也相应地拉长，不能迅速切断。由于电弧的温度高达 3000℃ 或更高，导致触点被严重烧灼，缩短了电器的寿命，给电气设备的运行安全和人身安全等都造成了极大的威胁。因此，必须采取有效方法，尽可能消灭电弧。常采用的灭弧方法和灭弧装置有以下 4 种：

① 电动力灭弧。电弧在触点回路电流磁场的作用下，受到电动力作用拉长，并迅速离开触点而熄灭。

② 纵缝灭弧。电弧在电动力的作用下，进入由陶土或石棉水泥制成的灭弧室窄缝中，电弧与室壁紧密接触，被迅速冷却而熄灭。

③ 栅片灭弧。电弧在电动力的作用下，进入由许多固定间隔的金属片所组成的灭弧栅之中，电弧被栅片分割成若干段短弧，使每段短弧上的电压达不到燃弧电压，同时栅片具有强烈的冷却作用，致使电弧迅速降温而熄灭。

④ 磁吹灭弧。灭弧装置设有与触点串联的磁吹线圈，电弧在磁场的作用下受力吹离触点，加速冷却而熄灭。

（2）接触器的基本技术参数与型号含义　接触器的基本技术参数有额定电压、额定电流和额定操作频率。

1）额定电压。接触器额定电压是指主触点上的额定电压。

① 交流接触器：220V、380V 和 500V。

② 直流接触器：220V、440V 和 660V。

线圈的额定电压等级如下：

① 交流线圈：36V、110V、127V、220V 和 380V。

② 直流线圈：24V、48V、110V、220V 和 440V。

2）额定电流。接触器额定电流是指主触点的额定电流。

① 交流接触器：10A、15A、25A、40A、60A、150A、250A、400A、600A，最高可达 2500A。

② 直流接触器：25A、40A、60A、100A、150A、250A、400A 和 600A。

3）额定操作频率。额定操作频率指每小时通断次数。交流接触器可高达 6000 次/h，直流接触器可达 1200 次/h。电器寿命达 500 万～1000 万次。

4）型号含义。交流接触器和直流接触器的型号分别用 CJ 和 CZ 表示，其中交流接触器型号的含义为：

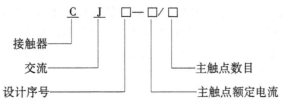

我国生产的交流接触器常用的有 CJ1、CJ12 和 CJ20 等系列产品。CJ12 和 CJ20 为新系列接触器，所有受冲击的部件均采用了缓冲装置，合理地减小了触点开距和行程。运动系统布置合理、结构紧凑。

直流接触器型号的含义为：

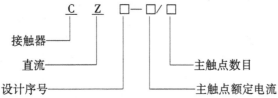

直流接触器常用的有 CZ1 和 CZ3 等系列和新产品 CZ20 系列。新系列接触器具有寿命长、体积小、工艺性能更好和零部件通用性更强等优点。

（3）接触器的选用

1）类型的选择。根据所控制的电动机或负荷电流类型来选择接触器类型，交流负荷应采用交流接触器，直流负荷应采用直流接触器。

2）主触点额定电压和额定电流的选择。接触器主触点的额定电压应大于或等于负荷电路的额定电压，主触点的额定电流应大于负荷电路的额定电流，或者根据经验公式计算，计算公式如下（适用于 CJ0、CJ10 系列）

$$I_e = P_N \times 10^3 / KU_N$$

式中　K——经验系数，一般取 $1 \sim 1.4$；

　　　P_N——电动机额定功率（kW）；

　　　U_N——电动机额定电压（V）；

　　　I_e——接触器主触点电流（A）。

如果接触器控制的电动机起动、制动或正反转较频繁，一般将接触器主触点的额定电流降一级使用。

3）线圈电压的选择　接触器线圈的额定电压不一定等于主触点的额定电压，从人身和设备安全角度考虑，线圈电压可选择低一些；但当控制线路简单，线圈功率较小时，为了节省变压器，可选 220V 或 380V。

4）接触器操作频率的选择。操作频率是指接触器每小时通断的次数。当通断电流较大且通断频率过高时，会引起触点过热，甚至熔化。操作频率若超过规定值，应选用额定电流大一级的接触器。

5）触点数量及触点类型的选择。通常接触器的触点数量应满足控制支路数的要求，触点类型应满足控制线路的功能要求。

（4）接触器安装方法

1）接触器安装前应检查线圈的额定电压等技术数据是否与实际使用相符，然后将铁心及面上的防锈油脂或锈垢用汽油擦净，以免多次使用后被油垢粘住，造成接触器断电时不能释放触点。

2）接触器安装时，一般应垂直安装，其倾斜度不得超过5°，否则会影响接触器的动作特性。安装有散热孔的接触器时，应将散热孔放在上下位置，以利于线圈散热。

3）接触器安装与接线时，注意不要把杂物遗落到接触器内，以免引起卡阻而烧毁线圈，同时应将螺钉拧紧，以防振动松脱。

> 注意：①接触器的触点应定期清扫并保持整洁，但不得涂油；当触点表面因电弧作用形成金属小珠时，应及时铲除，但银及银合金触点表面产生的氧化膜，由于接触电阻很小，可不必修复。②触点过热的主要原因有接触压力不足、表面接触不良、表面被电弧灼伤等，造成触点接触电阻过大，使触点发热。③触点磨损有两种原因，一是电气磨损，因电弧的高温使触点上的金属氧化和蒸发所造成；二是机械磨损，因触点闭合时的撞击，触点表面相对滑动摩擦所造成。④线圈失电后触点不能复位的原因有触点被电弧熔焊在一起；铁心剩磁太大，复位弹簧弹力不足；活动部分被卡住等。⑤衔铁振动有噪声的主要原因是短路环损坏或脱落；衔铁歪斜；铁心端面有锈蚀尘垢，使动静铁心接触不良；复位弹簧弹力太大；活动部分有卡滞，使衔铁不能完全吸合等。⑥线圈过热或烧毁的主要原因是线圈匝间短路；衔铁吸合后有间隙；操作频繁超过允许操作频率；外加电压高于线圈额定电压等，引起线圈中电流过大所造成。

5. 继电器

继电器根据电流、电压、温度、时间和速度等信号的变化来自动接通和分断小电流电路的控制元件。与接触器不同，继电器一般不直接控制主电路，而是通过接触器或其他电器对主电路进行控制。因此继电器触点的额定电流较小（5～10A），不需要灭弧装置，具有结构简单、体积小和质量轻等优点，但对其动作的准确性则要求较高。

继电器的种类很多，分类方法也较多。按用途来分，可分为控制继电器和保护继电器；按反映的信号来分，可分为电压继电器、电流继电器、时间继电器、热继电器和速度继电器等；按功能可分为中间继电器、热继电器、电压继电器、电流继电器、功率继电器、时间继电器、速度继电器、极化继电器和冲击继电器等；按动作原理来分，可分为电磁式继电器、电子式继电器和电动式继电器等。

电磁式继电器主要有电压继电器、电流继电器和中间继电器等。

（1）电磁式继电器的基本结构与工作原理　电磁式继电器的结构、工作原理与接触器相似，电磁式继电器由电磁系统、触点系统和反力系统部分组成。当吸引线圈通电（或电流、电压达到一定值）时，衔铁运动驱动触点动作。图12-41所示为电磁式继电器结构示意图，图12-42所示为电磁式继电器的电气符号。

（2）中间继电器　中间继电器是将一个输入信号变成一个或多个输出信号的继电器。它的输入信号为通电和断电，输出信号是触点的动作，并可将信号分别传给几个元件或回路。

1）中间继电器的结构。中间继电器的结构及工作原理与接触器基本相同，JZ7中间继电器由线圈、静铁心、动铁心及触点系统等组成。它的触点较多，一般有8对，可组成4对动合、4对动断或6对动合、两对动断或8对动合等3种形式。其工作原理和结构如图12-43所示。中间继电器一般根据负荷电流的类型、电压等级和触点数量来选择。其安装方法和注意事项与接触器类似，但中间继电器由于触点容量较小，一般不能接到主电路中应用。

中间继电器的触点数量较多，并且无主、辅触点之分，各对触点允许通过的电流大小也是相同的，额定电流约为5A。在控制额定电流不超过5A的电动机时，也可用它来代替接触器。

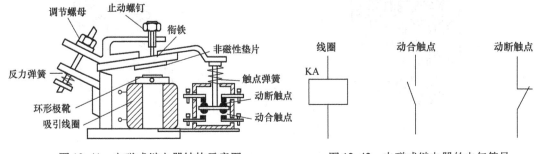

图 12-41 电磁式继电器结构示意图　　　图 12-42 电磁式继电器的电气符号

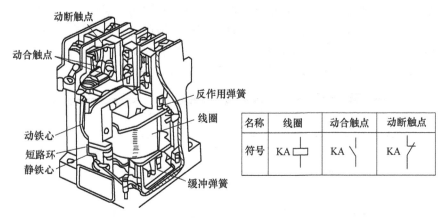

图 12-43 中间继电器的工作原理和结构示意

常用的中间继电器有 JZ7、JZ8 系列，其型号含义是：

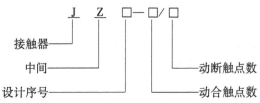

　　例如 JZ7-53，"JZ" 表示电器类型为中间继电器，"7" 表示设计序号，"5" 表示动合触点数，"3" 表示动断触点数。

　　2）中间继电器的选用。中间继电器应根据被控制电路的电压等级、所需触点的数量和种类以及容量等要求来选择。

　　（3）热继电器　热继电器是利用电流的热效应来推动动作机构使触点闭合或断开的保护电器。它主要用于电动机的过负荷保护、断相保护、电流不平衡运行保护及其他电气设备发热状态的控制。

　　1）热继电器的结构。常用的热继电器有两个热元件组成的两相结构和三个热元件组成的三相结构两种形式。两相结构的热继电器主要由热元件、动作机构、触点系统、整定电流装置和复位按钮等组成，如图 12-44 所示。

　　① 热元件。热元件是使热继电器接收过负荷信号的部分，它由双金属片及绕在双金属

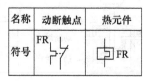

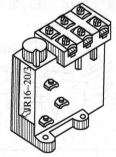

图 12-44　热继电器

片外面的绝缘电阻丝组成。双金属片由两种线膨胀系数不同的金属片复合而成，如铁镍铬合金和铁镍合金。电阻丝用康铜和镍铬合金等材料制成，使用时串联在被保护的电路中。当电流通过热元件时。热元件对双金属片进行加热，使双金属片受热弯曲。热元件对双金属片加热方式有 3 种：直接加热、间接加热和复式加热，如图 12-45 所示。

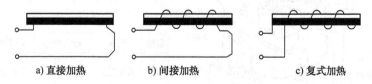

图 12-45　热继电器双金属片加热方式示意图

② 触点系统。一般配有一组切换触点，可形成一个动合触点和一个动断触点。

③ 动作机构。由导板、补偿双金属片、推杆、杠杆及拉簧等组成，用来补偿环境温度的影响。

④ 复位按钮。热继电器动作后的复位方式有手动复位和自动复位两种。手动复位的功能由复位按钮来完成。自动复位功能由双金属片冷却自动完成，但需要一定的时间。

⑤ 整定电流装置。由旋钮和偏心轮组成，用来调节整定电流的数值。热继电器的整定电流是指热继电器长期不动作的最大电流值，超过此值就要动作。

2）热继电器工作原理。

① 普通热继电器。三相结构热继电器工作原理如图 12-46 所示。当电动机电流未超过额定电流时，双金属片自由弯曲的程度（位移）不足以触及动作机构，因此热继电器不会动作；当电路过负荷时，热元件使双金属片向上弯曲变形，导板在弹簧拉力作用下带动杠杆分断接入控制电路中的动断触点，切断主电路，从而起到负荷保护作用。由于双金属片弯曲的速度与电流大小有关，电流越大时，弯曲的速度也越快，于是动作时间就短；反之时间就长，这种特性称为反时限特性。只要热继电器的整定值调整得恰当，就可以使电动机在温度超过允许值之前停止运转，避免因高温造成损坏。热继电器动作后，一般不能立即自动复位，要等一段时间，只有待双金属片冷却后，当电流恢复正常且双金属片复原后，再按复位按钮方可重新工作。热继电器动作电流值的大小可用调节旋钮进行调节。

当电动机起动时，电流往往很大，但时间很短，热继电器不会影响电动机的正常起动。

② 具有断相保护能力的热继电器。用普通热继电器保护电动机时，若电动机是星形联

结，当线路有一相断电时，另外两相将发生过负荷。过负荷相电流将超过普通热继电器的动作电流，因线电流等于相电流，这种热继电器可以对此进行保护。但若电动机定子为三角形联结，发生断相时，线电流可能达不到普通热继电器的动作值而使电动机绕组已过热，此时用普通的热继电器已经不能起到保护作用，必须采用带断相保护的热继电器。它利用各相电流不均衡的差动原理实现断相保护。

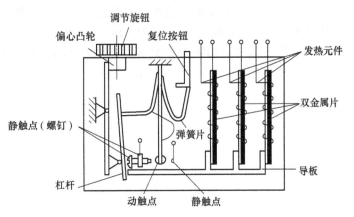

图 12-46 三相结构热继电器工作原理示意图

具有断相保护能力的热继电器的动作机构中有差分放大机构，这种差分放大机构在电动机断相运行时，对动作机构的移动有放大作用。差分放大机构示意图如图 12-47 所示。

差分放大机构的放大工作原理可通过图 12-48 说明：当电动机正常运行时，由于三相双金属片均匀加热，因而整个差分机构向左移动，动作不能被放大；当电动机断相运行时，由于内导板被未加热的双金属片卡住而不能移动，外导板在另两相双金属片的驱动下向左移动，使杠杆绕支点转动将移动信号放大，这样使热继电器动作加速，提前切断电源。由于差分放大作用，通过热继电器的电流在尚未到达整定电流之前就可以动作，从而达到断相保护的目的。电动机断相运行是造成大多数电动机烧毁的主要原因，因此对电动机断相保护的意义十分重大。

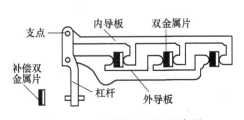

图 12-47 差分放大机构示意图

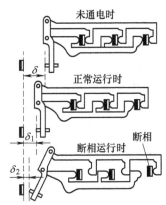

图 12-48 断相运行与正常
运行时差分机构的总做比

3）热继电器参数与其型号含义。

热继电器参数主要有额定电压、额定电流、热元件规格用电流值和热继电器的整定电流。

① 额定电压：触点的电压值。

② 额定电流：允许装入的热元件的最大额定电流值。

③ 热元件规格用电流值：热元件允许长时间通过的最大电流值。

④ 热继电器的整定电流：长期通过热元件又刚好使热继电器不动作的最大电流值。

热继电器的主要产品型号有 JR20、JRS1、JR0、JR10、JR14 和 JR15 等系列；引进产品有 T 系列、3UA 系列和 LR1-D 系列等。热继电器的型号含义如下：

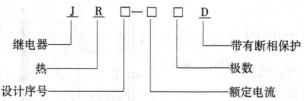

例如 JR16—20/3D，"JR"表示电器类型为热继电器，"16"表示设计序号，"20"表示额定电流，"3"表示三相，"D"表示具有断相保护。

4）热继电器选用。

① 应根据被保护电动机的联结组标号选择热继电器。当电动机是星形联结时，选用两相或三相热继电器均可进行保护；当电动机是三角形联结时，应选用三相差分放大机构的热继电器进行保护。

② 主要根据电动机的额定电流来确定热继电器型号和使用范围。

③ 要求热继电器额定电压大于或等于触点所在线路的额定电压。

④ 要求热继电器额定电流大于或等于被保护电动机的额定电流。

⑤ 要求热元件规格用电流值小于或等于热继电器的额定电流。

⑥ 热继电器的整定电流要根据电动机的额定电流、工作方式等情况调整而定。一般情况下可按电动机额定电流值整定。

⑦ 对过负荷能力较差的电动机，可将热元件整定值调整到电动机额定电流的 0.6～0.8 倍。对起动时间较长，拖动冲击性负荷或不允许停车的电动机，热元件的整定电流应调节到电动机额定电流的 1.1～1.15 倍。

⑧ 对于重复短时工作制的电动机（例如起重电动机等），由于电动机不断重复升温，热继电器双金属片的温升跟不上电动机绕组的温升变化，因而电动机将得不到可靠保护。因此，不宜采用双金属片式热继电器作为过负荷保护。

5）热继电器的安装方法如下：

① 热继电器安装接线时，应清除触点表面污垢，以避免电路不通或因接触电阻加大而影响热继电器的动作特性。

② 若电动机起动时间过长或操作次数过于频繁，将会使热继电器误动作或烧坏热继电器，故这种情况一般不用热继电器作过负荷保护器件。如仍用热继电器，则应在热元件两端并接一对接触器或继电器的动断触点，待电动机起动完毕，使动断触点断开，热继电器再投入工作。

③ 热继电器周围介质的温度，原则上应和电动机周围介质的温度相同，否则，势必要破坏已调整好的配合情况。当热继电器与其他电器安装在一起时，应将它安装在其他电器的下方，以免其动作特性受到其他电器发热的影响。

④ 热继电器出线端的连接不宜过细，若连接导线过细，轴向导热性差，热继电器可能提前动作。反之，连接导线太粗，轴向导热快，热继电器可能滞后动作。在电动机起动或短时过负荷时，由于热元件的热惯性，热继电器不能立即动作，从而保证了电动机的正常工作。如果过负荷时间过长，超过一定时间（由整定电流的大小决定），热继电器的触点动作，切断电路，起到保护电动机的作用。

（4）时间继电器 当继电器的感测机构接收到外界动作信号，经过一段时间延时后触点才动作的继电器，称为时间继电器。时间继电器按动作原理可分为电磁式、空气阻尼式、电动式和电子式；按延时方式可分为通电延时和断电延时两种。图12-49所示为时间继电器的电气符号。

1）直流电磁式时间继电器。

① 基本结构。在通用直流电压继电器的铁心上安装一个阻尼圈后就制成了直流电磁式时间继电器，其结构如图12-50所示。

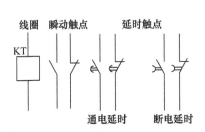

图12-49 时间继电器的电气符号

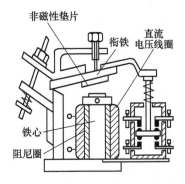

图12-50 直流电磁式时间继电器结构示意图

② 工作原理。当线圈通电时，由于衔铁是释放的，动、静铁心间气隙大，磁阻大，磁通变化小，铜套上产生的感应电流小，阻尼作用小，因此衔铁吸合延时不显著（可忽略不计）。当线圈失电时，磁通变化大，铜套上产生的感应电流大，阻尼作用大，使衔铁的释放延时显著。这种延时称为断电延时。由此可见，直流电磁式时间继电器适用于断电延时；对于通电延时，因为延时时间太短，没有多少现实意义。直流电磁式时间继电器用在直流控制电路中，结构简单，使用寿命长，允许操作频率高，但延时时间短，准确度较低。

2）空气阻尼式时间继电器。空气阻尼式时间继电器也称为空气式时间继电器或气囊式时间继电器。

① 电磁系统。由电磁线圈、静铁心、动铁心、反作用弹簧和弹簧片组成；工作触点由两对瞬时触点（一对瞬时闭合，一对瞬时分断）和两对延时触点组成；气囊主要由橡皮膜、活塞和壳体组成，橡皮膜和活塞可随气室进气量移动，气室上的调节螺钉用来调节气室进气速度的大小以调节延时时间；传动机构由杠杆、推杆、推板和塔形弹簧等组成。图12-51为空气阻尼式时间继电器外形图。

② 工作原理。如图12-52所示，当线圈通电后衔铁吸合，活塞杆在塔形弹簧作用下带动活塞及橡皮膜向上移动，橡皮膜下方空气室空气变得稀薄而形成负压，活塞杆只能缓慢移动，其移动速度由进气孔气隙大小来决定。经过一段时间延时后，活塞杆通过杠杆压动微动开关使其动作，达到延时的目的。当线圈断电时，衔铁释放，橡皮膜下方空气室的空气通过活塞肩部所形成的单向阀迅速排放，使活塞杆、杠杆、微动开关迅速复位。通过调节进气孔气隙大小可改变延时时间的长短。通过改变电磁机构在继电器上的安装方向可以获得不同的延时方式。

空气阻尼式时间继电器的动作过程有断电延时和通电延时两种。

① 断电延时。断电延时时间继电器当电路通电后，电磁线圈的静铁心产生磁场力，使

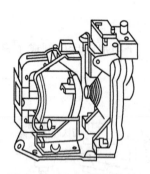

图 12-51 空气阻尼式时间
继电器外形图

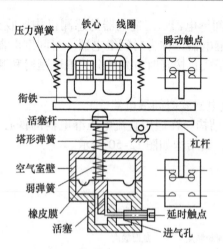

图 12-52 空气阻尼式时间继电器工作原理

衔铁克服反作用弹簧的弹力被吸合，与衔铁相连的推板向右运动，推动推杆，压缩宝塔弹簧，使气室内橡皮膜和活塞缓慢向右移动，通过弹簧片使瞬时触点动作，同时也通过杠杆使延时触点做好动作准备。线圈断电后，衔铁在反作用弹簧的作用下被释放，瞬时触点复位，杠杆在宝塔弹簧作用下，带动橡皮膜和活塞缓慢向左移动，经过一段时间后，推杆和活塞移动到最左端。使延时触点动作，完成延时过程。

② 通电延时。只需将断开延时时间继电器的电磁线圈部分旋转 180°安装，即可改装成通电延时时间继电器。其工作原理与断电延时原理基本相同。

空气延时时间继电器的结构简单、价格低廉，广泛用于电动机控制等电路中，只能用于对延时要求不太高的场合。

空气阻尼式时间继电器的特点是：延时精度低且受周围环境影响较大，但延时时间长、价格低廉、整定方便，它延时精度较低，主要用于延时精度要求不高的场合，主要型号有 JS7、JS16 和 JS23 等。

3）电动式时间继电器。

① 结构。电动式时间继电器是利用小型同步电动机带动减速齿轮而获得延时的。它是由同步电动机、离合电磁铁、减速齿轮、差动齿轮、触点系统和推动延时触点脱扣的凸轮等组成的，其外形和结构如图 12-53a、图 12-53b 所示。

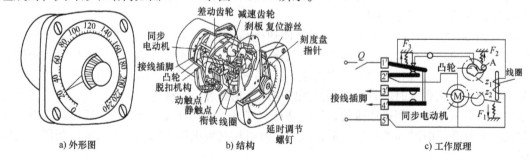

图 12-53 电动式时间继电器

② 工作原理。当接通电源后，齿轮空转。需要延时时，再接通离合电磁铁，齿轮带动

凸轮转动，经过一定时间，凸轮推动脱扣机构使延时触点动作，同时其动断触点同步电动机和离合电磁铁的电源等所有机构在复位游丝的作用下返回原来位置，为下次动作做好准备，其工作原理如图 12-53c 所示。

延时的长短可以通过改变指针在刻度盘上的位置进行调整。这种延时继电器定时精度高，调节方便，延时范围很大，且误差较小，可以从几秒到几小时。延时时间不受电源电压与环境温度变化的影响，但因同步电动机的转速与电源频率成正比，所以当电源频率降低时，延时时间加长，反之则缩短。这种延时继电器的缺点是结构复杂，价格较贵，齿轮容易磨损，受电源频率影响较大，不适于频繁操作的电路控制。

常用电动式时间继电器的型号有 JS11 系列、JS10 和 JS17 等。

4）电子式时间继电器。电子式时间继电器主要利用电子电路来实现传统时间继电器的时间控制作用，可用于电力传动、生产过程自动控制等系统中。它具有延时范围广、精度高、体积小、消耗功率小、耐冲击、返回时间短、调节方便和使用寿命长等优点，所以多应用在传统的时间继电器不能满足要求的场合，要求延时的精度较高时或控制回路相互协调需要无触点输出时多用电子式时间继电器。目前在自动控制系统中的使用十分广泛。

① 结构。电子式时间继电器所有元件装在印制电路板上，JS14 系列时间继电器采用场效应晶体管电路和单结晶体管电路进行延时。图 12-54 所示为其外形和接线图。

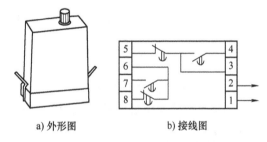

图 12-54 JS14 电子式时间继电器外形和接线图

② 工作原理。电子式时间继电器的种类很多，通常按电路组成原理可分为阻容式和数字式两种。

阻容式晶体管时间继电器基本原理是利用 RC 积分电路中电容的端电压在接通电源之后逐渐上升的特性获得的。电源接通后，经变压器降压后整流、滤波、稳压，提供延时电路所需的直流电压。从接通电源开始，稳压电源经定时器的电阻向电容器充电，经过一定时间充电至某电位，使触发器翻转，控制继电器动作，为继电器触点提供所需

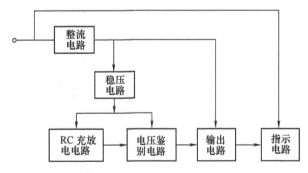

图 12-55 阻容式晶体管时间继电器电路原理框图

的延时，同时断开电源，为下一次动作做准备。调节电位器电阻即可改变延时时间的大小，图 12-55 所示为其原理框图。

常用的阻容式晶体管时间继电器为 JS20 系列，其延时时间可在 1 ~ 900s 之间可调。

数字式时间继电器主要是利用对标准频率的脉冲进行分频和计数，并作为电路的延时环节，使延时性能大大增强，而且其内部可采用先进的微电子电路及单片机等新技术，使其具有更多优点。其延时时间长、精度高、延时类型多，各种工作状态可直观显示等，常用的数字式时间继电器有 ST3P、ST6P 等系列，其延时时间在 0.1s ~ 24h 间可调。数字式时间继电器电路组成如图 12-56 所示。

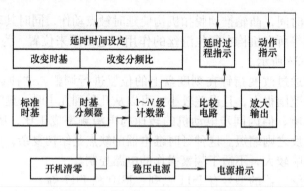

图 12-56　数字式时间继电器电路组成框图

5）时间继电器的型号含义：

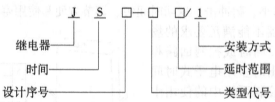

例如 JS23—12/1，"JS"表示电器类型为时间继电器，"23"表示设计序号，12 中的"1"表示触点形式及组合序号为 1，12 中的"2"表示延时范围为 10 ~ 180s，"1"表示安装方式为螺钉安装。

6）时间继电器选用方法。时间继电器有通电延时和断电延时两种，应根据控制线路的要求来选择延时方式。选择线圈电压时，根据控制线路电压来选择时间继电器的线圈电压。

知识拓展

中国创造：华龙一号

复习思考题

1. 人体触电有哪几种类型？有哪几种方式？各有何特点？
2. 在电气操作和日常用电中，哪些因素会导致触电？
3. 电工操作常用的通用电工工具有哪些？试简述各自的使用方法。
4. 数字式万用表有哪些功能？
5. 用万用表测量电阻时，如何使测量结果更为准确？
6. 自动断路器可以起到哪些保护作用？说明其工作原理。
7. 简述交流接触器的工作原理。
8. 交流接触器的常见故障现象有哪些？是何原因？如何排除？

第 13 章　三相异步电动机

【目的与要求】

1. 了解电动机的工作原理，掌握电动机的接线方法。
2. 熟练掌握电动机控制电路工作原理。
3. 学习电动机控制电路检测方法。
4. 培养故障诊断能力，学习逻辑分析法排查电路故障，培养工程问题解决能力。

13.1　三相异步电动机基础知识

13.1.1　三相异步电动机的结构

电机分为电动机和发电机，是实现电能和机械能相互转换的装置。对使用者来讲，广泛接触的是各类电动机。最常见的是交流电动机，尤其是三相异步电动机。它具有结构简单、制造方便、价格低廉、运行可靠和维修方便等一系列优点，因此被广泛应用于工农业生产、交通运输、国防工业和日常生活等许多方面。

图 13-1 所示为三相异步电动机的外形，三相异步电动机主要由定子和转子两大部分组成，另外还有端盖、轴承及风扇等部件，如图 13-2 所示。

1. 定子

三相异步电动机的定子由定子铁心、定子绕组和机座等组成。

（1）定子铁心　电动机的磁路部分，一般由厚度为 0.5mm 的硅钢片叠成，其内圆冲成均匀分布的槽，槽内嵌入三相定子绕组，绕组和铁心之间有良好的绝缘。

（2）定子绕组　电动机的电路部分，由三相对称绕组组成，并按一定的空间角度依次嵌入定子槽内，三相绕组的首、尾端分别

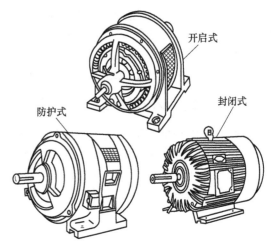

图 13-1　三相异步电动机的外形

为 U1、V1、W1 和 U2、V2、W2。接线时根据电源电压不同，可接成星形（丫）或三角形（△）。

（3）机座　一般由铸铁或铸钢制成，其作用是固定定子铁心和定子绕组，封闭式电动机外表面还有散热肋，以增加散热面积。

（4）机座两端的端盖　用来支承转子轴，并在两端设有轴承座。

2. 转子

转子包括转子铁心、转子绕组和转轴。

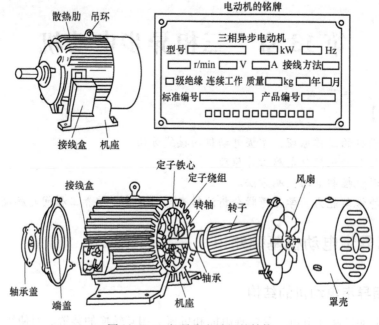

图 13-2　三相异步电动机的结构

（1）转子铁心　由厚度为 0.5mm 的硅钢片叠成，压装在转轴上，外圆周围冲有槽，一般为斜槽，并嵌入转子导体。

（2）转子绕组　有笼型和绕线型两种。笼型转子绕组一般用铝浇入转子铁心的槽内，并将两个端环与冷却用的风扇翼铸在一起；而绕线型转子绕组和定子绕组相似，三相绕组一般接成星形，3 个出线头通过转轴内孔分别接到 3 个铜制集电环上，而每个集电环上都有一组电刷，通过电刷使转子绕组与变阻器接通来改善电动机的起动性能或调节转速。

13.1.2　三相异步电动机的工作原理

三相异步电动机的工作原理如图 13-3 所示，当三相异步电动机定子绕组中通入对称的三相交流电时，在定子和转子的气隙中形成一个随三相电流的变化而旋转的磁场，其旋转磁场的方向与三相定子绕组中电流的相序相一致，三相定子绕组中电流的相序发生改变，旋转磁场的方向也跟着发生改变。对于 p 对极的三相交流绕组，旋转磁场的转速与电流频率的关系为

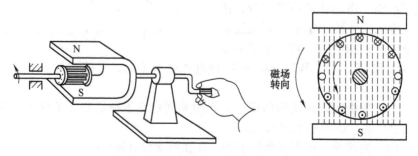

图 13-3　三相异步电动机的工作原理

$$n = 60\frac{f}{p}$$

式中　　n——旋转磁场的转速，即同步转速（r/min）；

　　　　f——定子电流的频率（我国规定为 $f = 50$Hz）；

　　　　p——旋转磁场的磁极对数。

当 $p = 2$（4极）时，$n = (60 \times 50/2)$ r/min $= 1500$r/min。

该磁场切割转子导体，在转子导体中产生感应电动势（感应电动势的方向用右手定则判断）。由于转子导体通过端环相互连接形成闭合回路，所以在导体中产生感应电流。在旋转磁场和转子感应电流的相互作用下产生电磁力（电磁力方向用左手定则判断），因此，转子在电磁力的作用下沿着旋转磁场的方向旋转，转子的旋转方向与旋转磁场的旋转方向一致。

13.1.3　三相异步电动机的参数

三相异步电动机的铭牌见表 13-1。

表 13-1　三相异步电动机的铭牌

三相异步电动机			
	型号 Y2-132S-4	功率 5.5kW	电流 11.7A
频率 50Hz	电压 380V	接法 △	转速 1440r/min
防护等级 IP44	质量 68kg	工作制 S1	F 级绝缘
××电机厂			

1）型号：电动机的机座形式和转子类型。国产异步电动机的型号用 Y（Y2）、YR、YZR、YB、YQB、YD 等汉语拼音字母来表示。其含义为：Y—笼型转子异步电动机（功率为 0.55 ~ 90kW）；YR—绕线转子异步电动机（功率为 250 ~ 2500kW）；YZR—起重机上用的绕线转子异步电动机；YB—防爆式异步电动机；YQB—浅水排灌异步电动机；YD—多速异步电动机。

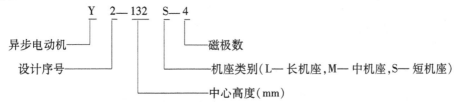

2）功率（P_N）：在额定条件下运行时，电动机轴上输出的机械功率（kW）。

3）电压（U_N）：在额定条件下运行时，定子绕组端应加的线电压值，一般为 220V/380V。

4）电流（I_N）：在额定条件下运行时，定子的线电流（A）。

5）接法：指电动机定子三相绕组接入电源的连接方式。

6）转速（n）：即在额定条件下运行时的电动机转速。

7）功率因数（$\cos\varphi$）：指电动机输出额定功率时的功率因数，一般为 0.75 ~ 0.90。

8）效率（η）：电动机满载时输出的机械功率 P_2 与输入的电功率 P_1 之比，即 $\eta = P_2 / P_1 \times 100\%$。其中 $P_1 - P_2 = \Delta P$，ΔP 表示电动机的内部损耗（铜损、铁损和机械损耗）。

9）防护形式：电动机的防护形式由 IP 和两个阿拉伯数字表示，数字代表防护形式（如防尘和防溅）的等级。

10）温升：电动机在额定负荷下运行时，自身温度高于环境温度的允许值。如允许温升为80℃，周围环境温度为35℃，则电动机所允许达到的最高温度为115℃。

11）绝缘等级：是由电动机内部所使用的绝缘材料决定的，它规定了电动机绕组和其他材料可承受的允许温度。目前Y系列电动机大多数采用B级绝缘，B级绝缘的最高允许温度为130℃；高压和大功率电动机采用H级绝缘，H级绝缘最高允许工作温度为180℃。

12）运行方式：有连续、短时和间歇3种，分别用S_1、S_2和S_3表示。

13.1.4 三相异步电动机的接线

电动机接线前首先要用兆欧表检查电动机的绝缘。额定电压在1000V以下的，绝缘电阻不应低于0.5MΩ。

三相异步电动机的接线主要是指接线盒内的接线。电动机的定子绕组是三相异步电动机的电路部分，由3个对称绕组组成，3个绕组按一定的空间角度依次嵌放在定子槽内。三相绕组的首端分别用U1、V1和W1表示，尾端对应用U2、V2和W2表示。为了便于变换接法，三相绕组的6个线头都引到电动机的接线盒内，如图13-4所示。根据电源电压的不同和电动机铭牌的要求，电动机三相定子绕组可以接成星形（Y）联结或三角形（△）联结两种形式。三角形（△）联结即将第一相的尾端U2接第二相的首端V1，第二相的尾端V2接第三相的首端W1，第三相的尾端W2接第一相的首端U1，然后将3个接点分别接三相电源，如图13-5所示。星形（Y）联结即将三相绕组的尾端U2、V2和W2接在一起，首端U1、V1和W1分别接到三相电源，如图13-6所示。

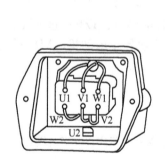
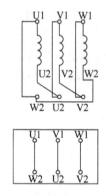
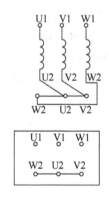

图13-4 电动机的接线盒   图13-5 三角形（△）联结   图13-6 星形（Y）联结

1. 用干电池和万用表判别首、尾端

1）判别3个绕组各自的首、尾端。把万用电表调到电阻档，根据电阻的大小可分清哪两个线端属于同相绕组，同一相绕组的电阻很小。

2）判别其中两相绕组的首、尾端。先把万用表调到直流电流最小档位，再把任意一相绕组的两个线端接到万用表上，并指定接表"＋"端的为该相绕组的首端，接表"－"端的为尾端。然后将另外任意一相绕组的两个线端分别接一干电池的"＋"极和"－"极，如图13-7所示。若干电池接通瞬间，万用表表针正偏转，则与电池"＋"极相接的线端为绕组的尾端，另一端为首端。若表针反偏转，则该相绕组的首、尾端与上述相反。

3）判别最后一相绕组的首、尾端。按前面万用表所接的这相绕组不动，将剩下的一相绕组的两个线端分别去干电池的"＋"极和"－"极，用上述相同的方法即可判断出最后一相绕组的首、尾端。

2. 单独用万用表判别首、尾端

1) 先将万用表调到电阻档，根据电阻的大小可分清哪两个线端属于同相绕组。

2) 将万用表调到直流电流最小档位，电动机三相绕组接线如图 13-8 所示。

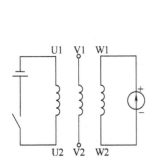

图 13-7　绕组首、
尾端的判别

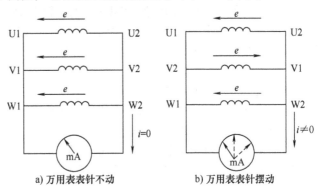

a) 万用表表针不动　　　　b) 万用表表针摆动

图 13-8　用万用表判别绕组的首、尾端

3) 用手用力朝某一方向转动电动机的转子，若此刻万用表的表针不动，如图 13-8a 所示，则说明三相绕组首尾端的区分是正确的；若表针瞬间摆动，如图 13-8b 所示，则说明有一相绕组的首尾接反了。要一相一相地分别对调后重新试验，直到表针不动为止。这种方法是利用转子铁心中的剩磁，在定子三相绕组中的感应电动势和三相对称电动势之和等于零的原理进行的。

13.2　三相异步电动机的控制电路

异步电动机是工农业生产中应用最为广泛的一种电动机。异步电动机的控制电路绝大部分仍由继电器和接触器等有触点电器组成。一个电力拖动系统的控制电路可以比较简单，也可以相当复杂。但是，从实践中可知，任何复杂的控制电路总是由一些比较简单的环节有机地组合起来的。本章通过介绍三相异步电动机的正转控制、三相异步电动机的正反转控制、降压起动控制等典型的控制电路，使从业人员掌握基本电气控制电路的安装、调试与维修技能，并为后续掌握复杂电气控制电路的工作原理、故障分析和处理打下良好的基础。

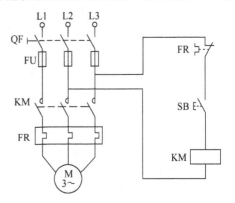

图 13-9　三相笼型异步电
动机点动正转控制电路

13.2.1　点动正转控制电路

点动正转控制电路是用按钮、接触器来控制电动机运转的最简单的正转控制电路，如图 13-9 所示。所谓点动控制是按下按钮，电动机就起动运转；松开按钮，电动机就失电停转。这种控制方法常用于金属加工机床某一机械部分的快速移动和电动葫芦的升、降及移动控制。

点动正转控制电路中，断路器 QF 用作电源开关；起动按钮 SB 控制接触器 KM 的线圈得电、失电；接触器 KM 的主触头控制电动机 M 的起动与停止。

当电动机 M 需要点动时，先合上断路器 QF，此时电动机 M 尚未接通电源。按下起动按钮 SB，接触器 KM 的线圈得电，使衔铁吸合，同时带动接触器 KM 的 3 对主触头闭合，电动机 M 便接通电源起动运转。当电动机需要停转时，只需松开起动按钮 SB，使接触器 KM 的线圈失电，衔铁在复位弹簧作用下复位，使接触器 KM 的 3 对主触头分断，电动机 M 失电停转。

在分析各种控制电路的原理时，为了简单明了，常用电气文字符号和箭头配以少量文字说明来表达电路的工作原理。如点动正转控制电路的工作原理可叙述如下。

1）先合上电源开关 QF。

起动：按下 SB→KM 线圈得电→KM 主触头闭合→电动机 M 起动运转。

停止：松开 SB→KM 线圈失电→KM 主触头分断→电动机 M 失电停转。

2）停止使用时断开电源开关 QF。

和用手动开关控制电动机相比，用接触器来控制电动机有许多优点。它不仅能实现远距离自动控制和欠压、失压保护功能，而且控制功率大、工作可靠、操作频率高且使用寿命长，因而在电力拖动系统中得到了广泛应用。

1. 实训内容

1）点动正转控制电路的安装。

2）硬线配线操作。

3）通电调试前检查。

2. 实训器材

常用电工工具，绝缘电阻表、万用表、钳形电流表，塑铜线、包塑金属软管及接头，三相异步电动机、断路器、熔断器、交流接触器、按钮和端子板等。

3. 实训步骤及要求

1）识读点动正转控制电路，明确电路所用电气元器件及作用，熟悉电路的工作原理。

2）清点所用电气元器件并进行检测。

3）在控制板上安装电气元器件，并贴上醒目的文字符号，工艺要求如下：断路器、熔断器受电端应安装在控制板的外侧，并使熔断器的受电端为底座中心端。各元器件的安装位置应整齐、匀称、间距合理、便于元器件的更换，紧固各元器件时要用力均匀，紧固程度适当。尤其是对熔断器、接触器等易碎裂元器件紧固时，应更加谨慎，以免损坏。

4）按电气安装接线图的走线方法进行明线布线，明线布线的工艺要求如下：

① 布线通道尽可能少，同路并行导线按主电路、控制电路分类集中。单层密排，紧贴安装面布线。

② 同一平面的导线应高低一致，尽量不交叉。非交叉不可时，该条导线不能有接点，布线应横平竖直，分布均匀，变换走向时应垂直。

③ 布线时严禁损伤线芯和导线绝缘。

④ 布线顺序一般以接触器为中心，由里向外，由低至高，按先控制电路，后主电路进行，以不妨碍后续布线为原则。

⑤ 所有从一个接线端子（或接线桩）到另一个接线端子（或接线桩）的导线必须连续，中间无接头。

⑥ 导线与接线端子或接线桩连接时，不得挤压绝缘层，也不能露铜过长。

⑦ 同一个元件、同一回路的不同接点的导线间距离应保持一致。

⑧ 一个电气元器件接线端子上的连接导线不得多于两根，每节接线端子板上的连接导线一般只允许连接一根。

⑨ 连接电动机和按钮金属外壳的保护接地线，连接电源、电动机和按钮等配电盘外部的导线。

5）安装完毕的控制电路板，必须经过认真检查以后，才允许通电调试，以防止错接、漏接而造成电动机不能正常运转或发生短路事故。

① 按电气原理图从电源端开始，逐段核对有无漏接、错接之处。检查导线接点压接是否牢固。接触应良好，以免带负载运行时产生闪弧现象。

② 用万用表检查电路的通断情况，对控制电路的检查，可将表笔分别搭在 U、V 线端上（控制电路的电源端），读数应为"∞"。按下起动按钮 SB 时，读数应为接触器线圈的电阻值，然后断开控制电路再检查主电路有无开路或短路现象。

③ 用绝缘电阻表检查电路的绝缘电阻应大于 1MΩ。

6）通电调试。在通电调试时，应一人监护，一人操作。

① 通电调试前，必须征得教师同意，并由教师接通三相电源 L1、L2 和 L3，同时在现场监护。学生合上电源开关 QF 后，用验电笔检查电源是否接通。按下起动按钮 SB，观察接触器情况是否正常，电动机运行是否正常等。当电动机运转平稳后，用钳形电流表测量三相电流是否平衡。

② 出现故障后，应独立进行检修。若需带电进行检查，教师必须在现场监护。

③ 通电试机完毕后切断电源，先拆除电源线，再拆除电动机线。

> 注意：电动机及按钮的金属外壳必须可靠接地，接至电动机的导线必须穿在导线通道内加以保护，或采用坚韧的四芯橡皮线或塑料护套线进行临时通电校验，电源进线应接在螺旋式熔断器的下接线座上，出线则应接在上接线座上。按钮内接线时，不可用力过猛，以防螺钉滑扣。

13.2.2　连续正转控制电路

有些机床或生产机械，需要电动机连续运转，采用点动正转控制电路显然是不行的。另外，在连续正转控制电路中，由熔断器 FU 做短路保护，由接触器 KM 做欠压和失压保护。电动机在运行过程中，如果负载长期过大，或起动操作频繁，或者缺相运行等原因，都有可能使电动机定子绕组的电流增大，超过其额定值。而在这种情况下，熔断器往往并不熔断，从而引起定子绕组过热，使温度升高；若温度超过允许温升就会使绝缘损坏，缩短电动机的使用寿命，严重时甚至会使电动机的定子绕组烧毁。因此，对电动机还必须采取过载保护措施。过载保护是指当电动机过载时能自动切断电动机电源，使电动机停转的一种保护。最常用的过载保护是由热继电器来实现的，具有过载保护的自锁正转控制电路如图 13-10 所示。

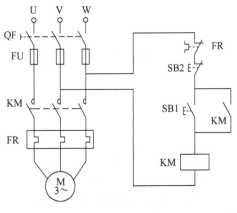

图 13-10　三相笼型异步电动机具有过载保护的自锁正转控制电路

这种电路在控制电路中串接了一个停止按钮 SB2 和热继电器 FR 的常闭触头，在起动按钮 SB1 的两端并接了接触器 KM 的一对常开辅助触头。其动作原理如下。

1）起动：起动时，先合上电源开关 QF。

按下起动按钮 SB1 → KM 线圈得电 ⟶ KM 主触头闭合 ⟶ 电动机 M 自动连续运转
⟶ KM 常开辅助触头闭合 ↵

当松开起动按钮 SB1 时，其常开触头恢复分断后，因为接触器 KM 处于吸合状态，常开辅助触头仍然闭合，控制电路应保持接通。所以，接触器 KM 继续得电，电动机 M 实现连续运转。当松开起动按钮 SB1 后，像这种接触器 KM 通过自身常开辅助触头而使线圈保持得电的作用叫作自锁。与起动按钮 SB1 并联起自锁作用的常开辅助触头叫自锁触头。

2）停止：当按下起动按钮 SB2 后，接触器 KM 的自锁触头在切断控制电路时分断，解除了自锁；起动按钮 SB1 也是分断的，接触器 KM 不能得电，电动机 M 停止转动。其动作原理如下：

按下起动按钮 SB2 → KM 线圈失电 ⟶ KM 主触头分断 ⟶ 电动机 M 失电停转
⟶ KM 自锁触头分断 ↵

如果电动机在运行过程中，由于过载或其他原因使电流超过额定值，那么经过一定时间，串接在主电路中的热继电器的热元件因受热发生弯曲，通过动作机构使串接在控制电路中的常闭触头分断，切断控制电路，接触器 KM 的线圈失电，其主触头、自锁触头分断，电动机 M 失电停转，达到了过载保护的目的。

在照明、电加热等电路中，熔断器 FU 既可以用作短路保护，也可以用作过载保护。但在三相异步电动机控制电路中，熔断器只能用作短路保护。因为三相异步电动机的起动电流很大（全压起动时的起动电流能达到额定电流的 4~7 倍），若用熔断器作过载保护，则熔断器的额定电流就应等于或略大于电动机的额定电流。这样电动机在起动时，由于起动电流大大超过了熔断器的额定电流，使熔断器在很短的时间内熔断，造成电动机无法起动。所以，熔断器只能作短路保护，熔体额定电流应取电动机额定电流的 1.5~2.5 倍。

热继电器在三相异步电动机控制电路中只能用作过载保护，不能用作短路保护。因为热继电器的热惯性大，即热继电器的双金属片受热膨胀弯曲需要一定的时间。当电动机发生短路时，由于短路电流很大，热继电器还没来得及动作，供电电路和电源设备可能已经损坏。而在电动机起动时，由于起动时间很短，热继电器还未动作，电动机已经起动完毕。总之，热继电器与熔断器两者所起的作用不同，不能互相代替。

13.2.3 三相异步电动机的正反转控制电路

在生产加工过程中，往往要求电动机能够实现可逆运行。如机床工作台的前进与后退、主轴的正转与反转、起重机吊钩的上升与下降等。这就要求电动机可以正反转，由电动机原理可知，若将接至电动机的三相电源进线中的任意两相对调，即可使电动机反转。下面介绍接触器联锁正反转控制电路和双重联锁正反转控制电路。

1. 接触器联锁正反转控制电路

接触器联锁的正反转控制电路中采用了两个接触器，即正转用的接触器 KM1 和反转用的接触器 KM2，它们分别由正转按钮 SB1 和反转按钮 SB2 控制。从主电路图中可以看出，这两个接触器的主触头所接通的电源相序不同，相应的控制电路有两条，一条是由按钮 SB1 和 KM1 线圈等组成的正转控制电路；另一条是由按钮 SB2 和 KM2 线圈等组成的反转控制电路。

必须指出，接触器 KM1 和 KM2 的主触头决不允许同时闭合，否则将造成两相电源短路事故。为了避免两个接触器 KM1 和 KM2 同时得电动作，在正反转控制电路中分别串接了对方接触器的一对常闭辅助触头。这样，当一个接触器得电动作时，通过其常闭辅助触头使另一个接触器不能得电动作。接触器间这种互相制约的作用叫接触器联锁（或互锁）。实现联锁作用的常闭辅助触头称为联锁触头（或互锁触头），联锁符号用"▽"表示。其动作原理如下。

1）正转控制：合上电源开关 QF→按下正转起动按钮 SB1→KM1 线圈得电→KM1 主触点和自锁触点闭合、KM1 联锁触点断开→电动机 M 正转。

2）反转控制：合上电源开关 QF→按下反转起动按钮 SB2→KM2 线圈通电→KM2 主触点和自锁触点闭合、KM2 联锁触点断开→电动机 M 反转。

3）停止：按下停止按钮 SB3→控制电路失电→KM1（或 KM2）主触头分断→电动机 M 失电停转。

从以上分析可见，接触器联锁正反转控制电路（图 13-11）的优点是工作安全可靠，缺点是操作不便。因电动机从正转变成反转时，必须先按下停止按钮后，才能按反转起动按钮，否则由于接触器的联锁作用，不能实现反转。为克服此电路的不足，可采用按钮联锁或按钮和接触器双重联锁的正反转控制电路。

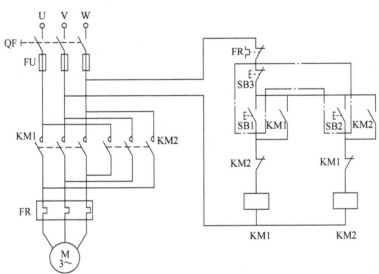

图 13-11　接触器联锁正反转控制电路

（1）实训内容
1）接触器联锁正反转控制电路的安装。
2）软线的布线方法及工艺要求。
（2）实训器材　常用电工工具，绝缘电阻表、钳形电流表、万用表，紧固体、编码套管、针形及 U 形轧头，走线槽、塑铜线、包塑金属软管及软管接头等，三相异步电动机、断路器、熔断器、热继电器、交流接触器、按钮和端子板等。
（3）实训步骤及要求
1）根据电动机型号配齐所用电气元器件，并进行质量检验。
2）在控制板上安装走线槽和所有电气元器件，并贴上醒目的文字符号。
3）确保电路检验配电盘内部布线的正确性。
4）可靠连接电动机和各电气元器件金属外壳的保护接地线。

5）连接电源、电动机和按钮等配电盘外部的导线。

6）检查无误后通电试机。

注意：①接触器联锁触头接线必须正确，否则将会造成主电路中两相电源短路事故。②电路全部安装完毕后，用万用表电阻挡测量 FU2 下口两端是否导通，如导通则说明电路中有短路情况，应进行检查并排除。③通电试机时，应先合上 QF，再按下 SB1（SB2）及 SB3，看控制是否正常，并在按下 SB1 后再按下 SB2，观察有无联锁作用。④通电调试时必须有指导教师在现场监护，出现异常情况应立即切断电源。

2. 双重联锁正反转控制电路

为克服接触器联锁正反转控制电路操作不便的缺点，把正转按钮 SB1 和反转按钮 SB2 换成两个复合按钮，并使两个复合按钮的常闭触头代替接触器的联锁触头，就构成了按钮联锁的正反转控制电路，如图 13-12 所示。线路的工作原理如下。

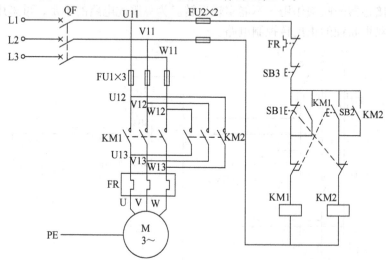

图 13-12　按钮联锁正反转控制电路

1）正转控制：先合上电源开关 QF，按下 SB1。

2）反转控制：先合上电源开关 QF，按下 SB2。

3）停止：先合上电源开关 QF，按下 SB3，整个控制电路失电，主触头分断，电动机 M 失电停转。

（1）实训内容

1）按钮联锁的正反转控制电路的安装。

2）按钮联锁转换成双重联锁线路。

（2）实训器材　常用电工工具，绝缘电阻表、钳形电流表、万用表，按钮联锁的正反转控制电路板和编码套管等，其规格和数量按需要而定。

（3）实训步骤及要求

1）根据图 13-12 所示正反转控制的电气原理图先装成按钮联锁的正反转控制电路的安装，再改装成双重联锁的正反转控制电路。

2）操作 SB1 或 SB2 时，注意观察 KM1 和 KM2 的动作变化，并体会该电路的特点。

注意：①复合按钮的常闭触头应串接在互锁电路中，否则不能起到按钮联锁的作用。②安装按钮联锁试机成功后，再进行双重联锁正反转控制电路的改装。③改装电路时必须弄清图样上的每个点和每根线与实际电路的每个点和每根线，避免将电路弄乱。④电路全部安装完毕后，用万用表电阻档测量 FU2 下口两端是否导通，如导通则说明电路中有短路情况，应进行检查并排除。⑤通电调试时，必须有指导教师在现场监护，出现异常情况应立即切断电源。

13.2.4　自动往返控制电路

在生产实践中，有些生产机械的工作台需要自动往复运动，如铣床、磨床、刨床和插床等机床控制电路。最基本的自动往返循环控制电路如图 13-13 所示，它是利用行程开关实现往复运动控制的。

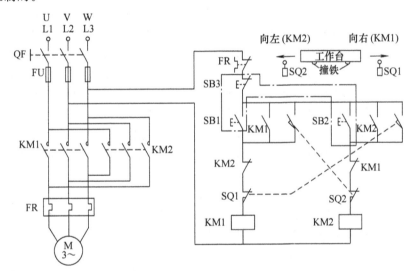

图 13-13　自动往返循环控制电路

限位开关 SQ1 放在右端需要反向的位置，而 SQ2 放在左端需要反向的位置，机械挡铁要装在运动部件上。起动时，利用正向或反向起动按钮，如按正转按钮 SB1，KM1 通电吸合并自锁，电动机正向旋转，带动工作台运动部件右移，当运动部件移至右端并碰到 SQ1 时，将 SQ1 压下，其动断触点断开，切断 KM1 接触器线圈电路。同时其动合触点闭合，接通反转接触器 KM2 线圈电路，此时电动机由正向旋转变为反向旋转，带动运动部件向左移动。直到压下 SQ2 限位开关，电动机由反转又变成正转，这样，驱动部件进行往复的循环运动。

由上述控制情况可以看出，运动部件每经过一个自动往复循环，电动机要进行两次反接制动过程，将出现较大的反接制动电流和机械冲击。因此，这种电路只适用于容量较小、循环周期较长、电动机转轴具有足够刚度的拖动系统中。另外，在选择接触器容量时，应比一般情况下选择的容量大一些。

利用限位开关除了可实现往复循环之外，还可实现控制部件运动到预定点后自动停止的限位保护等电路，其应用相当广泛。

工作过程如下：合上电源开关 QF，按下按钮 SB1→接触器 KM1 通电→电动机 M 正转，工作台向右→工作台前进到一定位置，撞块压动限位开关 SQ1→SQ1 常闭触点断开→KM1 断电→工作台停止右行。

　　SQ2 常开触点闭合→KM2 通电→电动机 M 改变电源相序而反转，工作台向左→工作台后退到一定位置，撞块压动限位开关 SQ2→SQ2 常闭触点断开→KM2 断电→工作台停止左行。

　　SQ2 常开触点闭合→KM1 通电→电动机 M 又正转，工作台又右行，如此往复循环工作，直至按下停止按钮 SB3→KM1（或 KM2）断电→电动机停止转动。

13.2.5　降压起动控制电路

　　前面介绍的三相异步电动机控制电路采用的是全压起动方式。所谓全压起动是指起动时加在电动机定子绕组上的电压为电动机的额定电压。全压起动也称为直接起动，其优点是电气设备少，控制电路简单，维修量小。异步电动机全压起动时，起动电流一般为额定电流的 4～7 倍，在电源变压器容量不够大，而电动机功率较大的情况下，直接起动将导致电源变压器输出电压下降，不仅减小电动机本身的起动转矩，而且会影响同一供电网中其他电气设备的正常工作。因此，较大功率的电动机需采用降压起动。所谓降压起动是指在起动时降低加在电动机定子绕组上的电压。当电动机起动后，再将电压升到额定值，使之在额定电压下运转。由于电流与电压成正比，所以降压起动可以减小起动电流，进而减小在供电线路上因电动机起动所造成的过大电压降，减小了对电路电压的影响，这是降压起动的根本目的。一般降压起动时的起动电流控制在电动机额定电流的 2～3 倍。

　　一般规定，电源容量在 $180kV \cdot A$ 以上，电动机功率在 7kW 以下的三相异步电动机，采用直接起动。

　　三相异步电动机降压起动方法有定子绕组串接电阻或电抗器降压起动、自耦变压器降压起动、星形—三角形变换降压起动、延边三角形降压起动等。尽管方法各异，目的都是限制电动机起动电流，减小供电电路因电动机起动引起的电压降。

　　定子绕组串接电阻降压起动是指在电动机起动时把电阻串接在电动机定子绕组与电源之间，通过电阻的分压作用降低定子绕组上的起动电压。待电动机转速接近额定转速时，再将串接电阻短接，使电动机在额定电压下运行。这种起动方式由于不受电动机接线形式的限制，设备简单、经济，故获得广泛应用。这种降压起动控制电路有手动控制、按钮与接触器控制和时间继电器自动控制等。

1. 按钮与接触器控制电路

　　按钮与接触器控制电路如图 13-14a 所示，其动作原理如下：

闭合电源开关 QF → 按下 SB1 → KM1 线圈得电 ┬→ KM1 自锁触头闭合自锁 ┐ 电动机 M 串电阻
　　　　　　　　　　　　　　　　　　　　　　└→ KM1 主触头闭合 ┘ R 降压起动

至转速上升到一定值 按下升压按钮 SB2 → KM2 线圈得电 ┬→ KM2 自锁触头闭合自锁
　　　　　　　　　　　　　　　　　　　　　　　　　　└→ KM2 主触 → R 被短接 → 电动机 M
　　　　　　　　　　　　　　　　　　　　　　　　　　　　头闭合　　　　　　　全压运转

2. 时间继电器自动控制电路

　　时间继电器自动控制电路如图 13-14b 所示，此电路中用时间继电器 KT 代替图 13-14a 所示电路中的按钮 SB2，从而实现了电动机从降压起动到全压运行的自动控制。只要调整好时间继电器 KT 触头的动作时间，电动机由起动过程切换到运行过程就能准确可靠地完成。

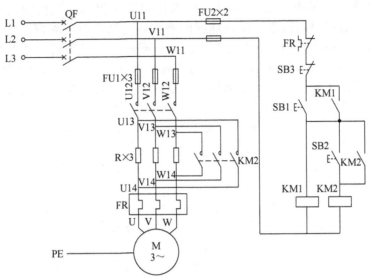

a) 按钮与接触器控制电气原理图

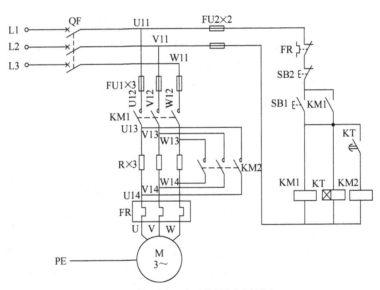

b) 时间继电器自动控制电气原理图

图 13-14　串接电阻减压起动控制电路

其工作原理如下：

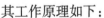
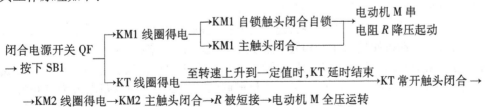

→KM2 线圈得电→KM2 主触头闭合→R 被短接→电动机 M 全压运转

177

停止时，按下 SB2 即可实现。

通过分析发现，虽然电动机 M 能够完成降压起动过程，但是接触器 KM1 和 KM2、时间继电器 KT 均需长时间通电，造成能耗的增加和电气寿命的缩短。为了弥补原有电路设计中的不足，将主电路中 KM2 的 3 对主触头不直接并接在起动电阻 R 两端，而是将 KM2 主触头电源端与 KM1 主触头电源端并接在一起，这样接触器 KM1 和时间继电器 KT 只做短时间减压起动用，待电动机全压运转后就全部从电路中切除，从而延长了接触器 KM1 和时间继电器 KT 的使用寿命，节省了电能，提高了电路的可靠性。起动电阻 R 一般采用 ZX1、ZX2 系列铸铁电阻。铸铁电阻能够通过较大电流，功率大。定子绕组串接电阻降压起动控制电路的缺点是减少了电动机的起动转矩，同时起动时在电阻上功率消耗也较大。如果起动频繁，则电阻的温度很高，故目前这种降压起动的方法在生产实际中的应用正在逐步减少。

（1）实训内容　掌握定子绕组串接电阻降压起动控制电路的安装方法。

（2）实训器材　常用电工工具，绝缘电阻表、钳形电流表、万用表，松木板一块（600mm×500mm×20mm）、紧固体、编码套管、针形及 U 形轧头、走线槽、塑铜线、包塑金属软管及软管接头等，三相异步电动机、断路器、熔断器、时间继电器、热继电器、电阻器、交流接触器、按钮和端子板等。

（3）实训步骤及要求

1）根据电动机型号，配齐所用电气元器件，并进行质量检验。

2）在控制板上安装走线槽和所有电气元器件，并贴上醒目的文字符号。

3）确保电路检验配电盘内部布线的正确性。

4）可靠连接电动机和各电气元器件金属外壳的保护接地线。

5）连接电源、电动机和按钮等配电盘外部的导线。

6）检查无误后通电试机。

注意：①在进行本课题安装训练时，教师可根据实际情况，由浅入深地分步进行训练，可按手动控制、按钮与接触器控制和时间继电器自动控制的顺序进行安装训练。②布线时，要注意接触器 KM2 在主电路中的接线相序；否则，会因相序接反造成电动机反转。③安装时间继电器时，必须使时间继电器在断电后，动铁心释放时的运动方向垂直向下。④时间继电器和热继电器的整定值，应在不通电时预先调整好，试机时再加以校正。⑤电路全部安装完毕后，用万用表电阻档测量 FU2 下口两端是否导通，如导通则说明电路中有短路情况，应进行检查并排除。⑥通电试验时必须有指导教师在现场监护，出现异常情况立即切断电源。

13.2.6　Y—△降压起动电路

凡是在正常运行时定子绕组接成三角形的三相异步电动机，可以采用Y—△（即星形—三角形）降压起动的方法来达到限制起动电流的目的。

起动时，定子绕组首先接成星形，待转速上升到接近额定转速时，将定子绕组的接线由星形换接成三角形，电动机便进入了全电压正常运行状态。因功率在 4kW 以上的三相笼型异步电动机均为三角形联结，故都可以采用星形—三角形降压起动方法。电动机起动时接成Y形联结，加在每相定子绕组上的起动电压为三角形联结的 1/3，起动电路电流为三角形联结的 1/3，起动转矩为三角形联结的 1/3，故这种方法只适用于轻载或空载下起动。常用的

Υ—△起动有手动和自动两种形式。

（1）手动控制Υ—△降压起动电路 双掷刀开关手动控制Υ—△降压起动控制电路如图13-15所示。起动时先合上电源开关QF，然后把刀开关QS扳到"起动"位置，电动机定子绕组便接成"Υ"降压起动；当电动机转速上升接近额定值时，再将刀开关QS扳到"运行"位置，电动机定子绕组改接成"△"全压正常运行。

（2）时间继电器自动控制Υ—△降压起动电路 如图13-16所示，该电路除了有电源开关QF、过载保护FR和短路保护FU外，主要控制是由3个接触器、一个时间继电器和两个按钮组成。

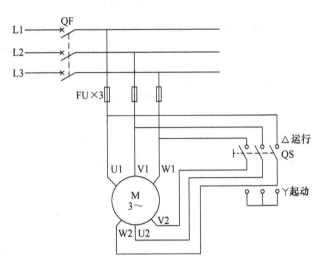

图13-15 手动控制Υ—△降压起动控制电路

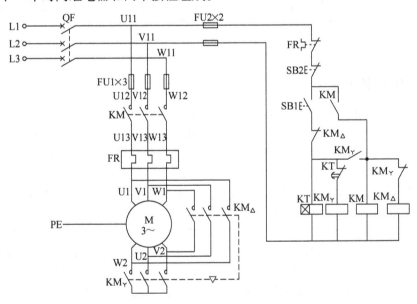

图13-16 时间继电器自动控制Υ—△降压起动电气原理图

时间继电器KT用于控制Υ形降压起动的时间和完成Υ—△降压起动电路自动切换，电路的工作原理如下：

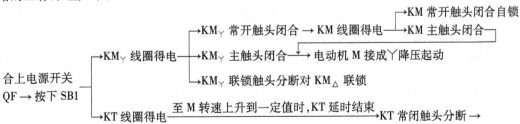

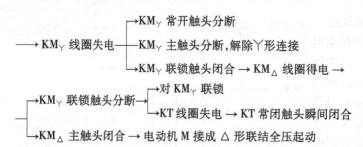

停止时按下 SB2 即可。该电路中，接触器 KM$_Y$ 先得电，通过 KM$_Y$ 的常开辅助触头使接触器 KM$_Y$ 后得电动作，KM$_Y$ 的主触头是在无负载的条件下进行闭合的，故可延长该接触器主触头的使用寿命。

> 注意：①丫—△降压起动只能用于正常运行时为三角形联结的电动机，接线时必须将接线盒内的短接片拆除。②接线时要保证电动机三角形联结的正确性，即接触器 KM$_Y$ 主触头闭合时，应保证定子绕组的 U1 与 W2、V1 与 U2、W1 与 V2 相连接。③接触器 KM$_Y$ 的进线必须从三相定子绕组的末端引入，若误将其首端引入，则在 KM$_Y$ 吸合时，会产生三相电源短路事故。④电路全部安装完毕后，用万用表电阻档测量 FU2 下口两端是否导通，如导通则说明电路中有短路情况，应进行检查并排除。⑤配电盘与电动机按钮之间连线，应穿入金属软管内。⑥通电前首先检查一下熔体规格及时间继电器、热继电器的整定值是否符合要求。

13.2.7 顺序控制电路

在实际生产中，对装有多台电动机的生产机械，由于每台电动机所起的作用不同，有时需要按一定的先后顺序起动，才能符合生产工艺规程的要求，保证安全生产。如铣床工作台的进给电动机必须在主轴电动机已起动工作的条件下才能起动工作。自动加工设备必须在前一工步已完成，转换控制条件具备的前提下，才能进入新的工步。还有一些设备要求液压泵电动机首先起动，正常供液后，其他动力部件的驱动电动机方可起动工作。这种有先后顺序的电动机控制方式称为电动机的顺序控制或联锁控制。

顺序起动、停止控制电路是在一个设备起动之后另一个设备才能起动运行的一种控制方法，常用于主、辅设备之间的控制，如图 13-17a 所示，当辅助设备的接触器 KM1 起动之后，主设备的接触器 KM2 才能起动，主设备 KM2 不停止，辅助设备 KM1 也不能停止。但辅助设备在运行中因某原因停止运行（如 FR1 动作），主设备也随之停止运行。

1. 工作过程

1）合上开关 QF，使电路的电源引入。

2）按下辅助设备控制按钮 SB2，接触器 KM1 线圈得电吸合，主触点闭合，辅助设备运行，并且 KM1 辅助常开触点闭合实现自保。

3）按主设备控制按钮 SB4，接触器 KM2 线圈得电吸合，主触点闭合，主设备开始运行，并且 KM2 的辅助常开触点闭合实现自锁。

4）KM2 的另一个辅助常开触点将 SB1 短接，使 SB1 失去控制作用，无法先停止辅助设备 KM1。

5）停止时只有先按 SB3 按钮，使 KM2 线圈失电，辅助触点复位（触点断开），SB1 按钮才起作用。

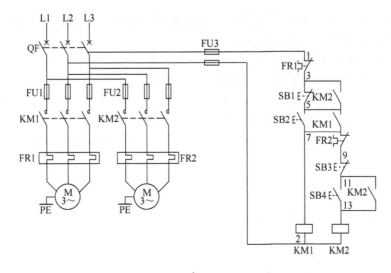

a)

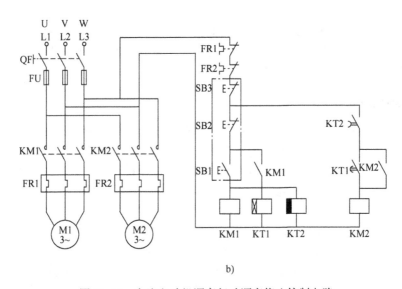

b)

图 13-17　交流电动机顺序起动顺序停止控制电路

6）主设备的过电流保护由 FR2 热继电器来完成。

7）辅助设备的过电流保护由 FR1 热继电器来完成，但 FR1 动作后控制电路全断电，主、辅设备全停止运行。

2. 常见故障

（1）KM1 不能实现自锁　分析处理：

1）KM1 的辅助触点接错，接成常闭接点，KM1 吸合常闭断开，所以没有自锁。

2）KM1 常开触点和 KM2 常闭触点位置接错，KM1 吸合时 KM2 还未吸合，KM2 的辅助常开触点是断开的，所以 KM1 不能自锁。

（2）不能顺序起动，KM2 可以先起动　分析处理：KM2 先起动说明 KM2 的控制电路有电，检查 FR2 有电，这可能是 FR2 触点上口的 7 号线，错接到了 FR1 上口的 3 号线位置上了，这就使得 KM2 不受 KM1 控制而可以直接起动。

（3）不能顺序停止，KM1 能先停止　分析处理：KM1 能停止说明 SB1 起作用，并联的 KM2 常开触点没起作用，分析原因有以下两种。

1）并联在 SB1 两端的 KM2 辅助常开触点未接。

2）并联在 SB1 两端的 KM2 辅助触点接成了常闭触点。

（4）SB1 不能停止　分析处理：检查电路发现 KM1 接触器用了两个辅助常开触点，KM2 只用了一个辅助常开触点，SB1 两端并接的不是 KM2 的常开触点，而是 KM1 的常开触点，由于 KM1 自锁后常开闭合，所以 SB1 不起作用。图 13-17b 所示为简单的两台电动机顺序起动、顺序停止的控制电路。

其动作原理如下：

合上电源开关 QF→按 SB1 →电动机 M1 工作→KT2 得电闭合→KT1 得电延时 t_1 后闭合→电动机 M2 工作，按 SB2 → M1 停机→ KT1 失电断开→KT2 失电延时 t_2 后断开→电动机 M2 停止，按 SB3 可以随时停止。

13.3　电气控制电路故障检查方法

正确分析和妥善处理机床设备电气控制电路中出现的故障，首先要检查产生故障的部位和原因。本节将重点介绍故障查询法、通电检查法、断电检查法、电压检查法、电阻检查法和短接检查法 6 种基本故障检查方法。

13.3.1　故障查询法

生产机床和机械设备虽然进行了日常维护保养，降低了电气故障的发生率，但是在运行中还是难免发生各种大小故障，严重的还会引起事故。这些故障主要分为两大类：一类是有明显的外部特征，例如电动机、变压器、电磁铁线圈过热冒烟。在排除这类故障时，除了更换损坏了的电动机、电器之外，还必须找出和排除造成上述故障的原因。另一类故障是没有外部特征的，例如在控制电路中，由于电气元器件调整不当、动作失灵、小零件损坏、导线断裂和开关击穿等原因引起的。这类故障在机床电路中经常碰到，由于没有外部特征，通常需要用较多的时间去寻找故障部位，有时还需运用各类测量仪表才能找出故障点，方能进行调整和修复，使电气设备恢复正常运行。因此，掌握正确的检修方法就显得尤其重要。

检修前要进行故障调查。当机床或机械设备发生电气故障后，切忌再通电试机和盲目动手检修。在检修前，通过观察法了解故障前后的操作情况和故障发生后出现的异常现象，以便根据故障现象判断出故障发生的部位，进而准确地排除故障。

13.3.2　通电检查法

通电检查法是指机床和机械设备发生电气故障后，根据故障性质，在条件允许的情况下，通电检查故障发生的部位和原因。

1. 通电检查要求

在通电检查时，必须注意人身和设备的安全。要遵守安全操作规程，不得随意触动带电部分，要尽可能切断主电路电源，只在控制电路带电的情况下进行检查。如需电动机运转，则应使电动机与机械传动部分脱开，使电动机在空载下运行，这样既减小了试验电流，也可避免机械设备的运动部分发生误动作和碰撞，以免故障进一步扩大。在检修时应预先充分估计到局部电路动作后可能发生的不良后果。

2. 测量方法及注意事项

在通电检查时，用测量法确定故障是维修电工工作中用来准确确定故障点的一种行之有效的检查方法。常用的测量工具和仪表有测电笔、校验灯、万用表和钳形电流表等，主要通过对电路进行带电或断电时的有关参数（如电压、电阻和电流等）的测量，来判断电气元器件的好坏、设备的绝缘情况以及电路的通断情况。随着科学技术的发展，测量手段也在不断更新。例如，在电动机自动调速系统中，利用示波器来观察晶闸管整流装置的输出波形、触发电路的脉冲波形，就能很快判断出系统的故障位置。在用测量法检查故障点时，一定要保证各种测量工具和仪表完好，使用方法正确，尤其要注意防止感应电、回路电及其他并联电路的影响，以免产生误判。

3. 通电法

在检查故障时，经外观检查未发现故障点，可根据故障现象，结合电路图分析可能出现的故障部位，在不扩大故障范围、不损伤电器和机床设备的前提下，进行直接通电试验，以分清故障可能是在电气部分还是在机械等其他部分，是在电动机上还是在控制设备上，是在主电路上还是在控制电路上。一般情况下先检查控制电路，具体做法是：操作某一只按钮或控制开关时，发现动作不正确，即说明该电气元器件或相关电路有问题。再在此电路中进行逐项分析和检查，一般便可发现故障点。待控制电路的故障排除恢复正常后，再接通主电路，检查控制电路对主电路的控制效果，观察主电路的工作情况是否正常等。

4. 故障判断具体方法

（1）校验灯法 用校验灯检查故障的方法有两种，一种是380V的控制电路，另一种是经过变压器降压的控制电路。对于不同的控制电路所使用的校验灯应有所区别，具体判别方法如图13-18所示。

首先将校验灯的一端接在低电位处，再用另外一端分别碰触需要判断的各点。如果灯亮，则说明电路正常；如果灯不亮，则说明电路有故障。对于380V的控制电路应选用220V的灯泡，低电位端应接在零线上。

（2）测电笔法 用测电笔检查电路故障的优点是安全、灵活、方便；缺点是受电压限制，并与具体电路结构有关。因此，测试结果不是很准确。另外，有时电气元器件触头烧断，但是因有爬弧，用测电笔测试，仍然发光，而且亮度还较强，这样也会造成判断错误。用测电笔检查电路故障的方法如图13-19所示。如果按下SB1或SB3后，接触器KM不吸

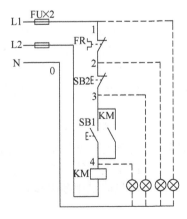

图13-18 380V校验灯法

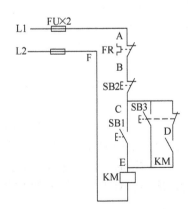

图13-19 380V电路测电笔法

合，遇到这种情况可以用测电笔从 A 点开始依次检测 B、C、D、E 和 F 点，观察测电笔是否发光，且亮度是否相同。如果在检查过程中发现某点发光变暗，则说明被测点以前的元件或导线有问题。停电后仔细检查，直到查出问题消除故障为止。但是，在检查过程中有时还会发现各点都亮，而且亮度都一样，接触器也没问题，就是不吸合，原因可能是起动按钮 SB1 本身触头有问题，致使电路不能导通；也可能是 SB2 或 FR 常闭触头断路，电弧将两个静触头导通或因绝缘部分被击穿使两触头导通，遇到这类情况就必须用电压表进行检查。

13.3.3 断电检查法

断电检查法是将被检修的电气设备完全（或部分）与外部电源切断后进行检修的方法。采取断电检查法检修设备故障是一种比较安全的常用检修方法。这种方法主要针对有明显的外表特征，容易被发现的电气故障，或者为避免故障未排除前通电试机，造成短路、漏电，再一次损坏电气元器件，扩大故障、损坏机床设备等后果所采用的一种检修方法。

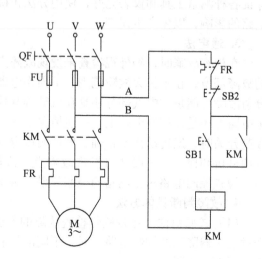

图 13-20　单向起动自锁控制电路

使用好这种检修方法除了要了解机床的用途和工艺要求、加工范围和操作程序、电气线路的工作原理外，还要靠敏锐观察、准确分析、精准测量、正确判断和熟练操作。在机床电气设备发生故障后，进行检修时应注意以下问题（以图 13-20 为例进行分析）。

1. 机床设备发生短路故障

故障发生后，除了询问操作者短路故障的部位和现象外，还要自己去仔细观察。如果未发现故障部位，就需要用绝缘电阻表分步检查（不能用万用表，因万用表中干电池电压只有几伏），在检查主电路接触器 KM 上口部分的导线和开关是否短路时，应将图 13-20 中 A 点或 B 点断开。在检查主电路接触器 KM 下口部分的导线和开关是否短路时，也应在端子板处将电动机 3 根电源线拆下，否则也会因为电动机三相绕组的导通影响判断的准确性。

2. 按下起动按钮 SB1 后电动机不转

检查电动机不转的原因应从两方面进行：一方面是当按下起动按钮 SB1 后接触器 KM 是否吸合，如果不吸合，应当首先检查电源和控制电路部分；如果按下起动按钮 SB1 后接触器 KM 吸合而电动机不转，则应检查电源和主电路部分。有些机床设备出现故障是因机械原因造成的，但是从反映出的现象来看却好像是电气故障，这就需要电气维修人员在遇到具体情况时一定要头脑清醒地对待检修工作中的问题。

断电检查法除了以上介绍的有关方面应注意的问题外，在具体操作过程中还应根据故障的性质，采用合理的处理方法。如果电路中装有变压器，有时会发现变压器在使用过程中冒烟。在处理这类故障时，应首先判别出造成故障的原因，是由于电气线路造成的，还是由于变压器本身造成的。对于这类故障就不能采用通电检查法，而只能采用断电检查法。

13.3.4 电压检查法

电压检查法是利用电压表或万用表的交流电压档对电路进行带电测量，是查找故障点的有效方法。电压检查法有电压分阶测量法（图 13-21）和电压分段测量法（图 13-22）。

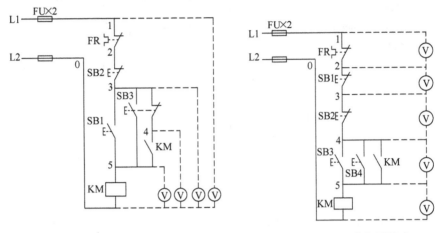

图 13-21 电压分阶测量法　　　　　图 13-22 电压分段测量法

1. 电压分阶测量法

测量检查时，首先把万用表的转换开关置于交流电压 500V 的档位上，然后按图 13-21 所示的方法进行测量。

断开主电路，接通控制电路的电源。若按下起动按钮 SB1 或 SB3 时，接触器 KM 不吸合，则说明控制电路有故障。

检测时，需要两人配合进行。一人先用万用表测量 0 和 1 两点之间的电压。若电压为 380V，则说明控制电路的电源电压正常。然后由另一人按下 SB1 不放，一人用黑表笔接到 0 点上，用红表笔依次接到 2、3、4、5 各点上，分别测量出 0~2、0~3、0~4、0~5 两点间的电压，根据测量结果即可找出故障点。

2. 电压分段测量法

测量检查时，把万用表的转换开关置于交流电压 500V 的档位上，按图 13-22 所示的方法进行测量。首先用万用表测量 0 和 1 两点之间的电压，若电压为 380V，则说明控制电路的电源电压正常。然后，一人按下起动按钮 SB3 或 SB4，若接触器 KM 不吸合，则说明控制电路有故障。这时另一人可用万用表的红、黑两根表笔逐段测量相邻两点 1~2、2~3、3~4、4~5、5~0 之间的电压，根据其测量结果即可找出故障点。

13.3.5 电阻检查法

电阻检查法是利用万用表的电阻档，对电路进行断电测量的一种安全、有效的方法。电阻检查法有电阻分阶测量法（图 13-23）和电阻分段测量法（图 13-24）。

1. 电阻分阶测量法

测量检查时，首先把万用表的转换开关置于倍率适当的电阻档，然后按图 13-23 所示方法测量，在测量前先断开主电路电源，接通控制电路电源。若按下起动按钮 SB1 或 SB3 时，接触器 KM 不吸合，则说明控制电路有故障。检测时应切断控制电路电源（这一点与电压分阶测量法不同），一人按下 SB1 不放，另一人用万用表依次测量 0~1、0~2、0~3、0~4 各两点间电阻值，根据测量结果可找出故障点。

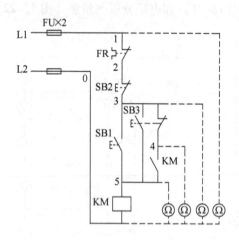

图 13-23　电阻分阶测量法

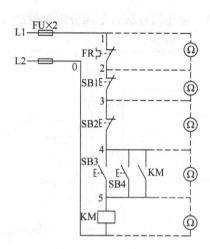

图 13-24　电阻分段测量法

2. 电阻分段测量法

按图 13-24 所示方法测量时，首先切断电源，一人按下 SB3 或 SB4 不放，另一人把万用表的转换开关置于倍率适当的电阻档，用万用表的红、黑两根表笔逐段测量相邻两点 1～2、2～3、3～4、4～5、5～0 之间的电阻。如果测得某两点间电阻值很大（∞），则说明该两点间接触不良或导线断路。电阻分段测量法的优点是安全，缺点是测量电阻值不准确。若测量电阻不准确，容易造成判断错误。为此应注意以下几点：

1）用电阻分段测量法检查故障时，一定要先切断电源。

2）所测量电路若与其他电路并联，必须断开并联电路，否则所测电阻值不准确。

3）测量高电阻电气元器件时，要将万用表的电阻档转换到适当档位。

13.3.6　短接检查法

机床电气设备的常见故障为断路故障，如导线断路、虚连、虚焊、触头接触不良、熔断器熔断等。对这类故障，除用电压检查法和电阻检查法检查外，还有一种更为简便可靠的方法，就是短接法。检查时，用一根绝缘良好的导线，将所怀疑的断路部位短接，若短接到某处时电路接通，则说明该处断路，如图 13-25 所示。

用短接检查法检查故障时必须注意以下几点：

1）用短接法检查时，是用手拿着绝缘导线带电操作的，所以一定要注意安全，避免触电事故。

2）短接检查法只适用于压降极小的导线及触头之类的断路故障，对于压降较大的电器，如电阻、线圈和绕组等断路故障不能采用短接检查法，否则会出现短路故障。

3）对于工业机械的某些要害部位，必须在保证电气设备或机械设备不会出现事故的情况下，才能使用短接法。使用短接检查法检查前，先用万用表测量图 13-25 所示 1～0 两点间的电压。若电压正常，可一人按下起动按钮 SB3 或 SB4 不放，然后另

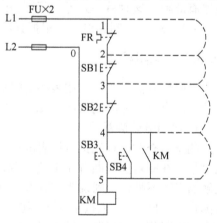

图 13-25　局部短接测量法

一人用一根绝缘良好的导线，分别短接标号相邻的两点 1~2、2~3、3~4、4~5（**注意：千万不要短接 5~0 两点，否则造成短路**）。当短接到某两点时，接触器 KM 吸合，则说明断路故障就在该两点之间。

知识拓展

风力发电

复习思考题

1. 如何根据不同的环境选择电动机？

2. 什么是额定功率、额定电压、额定电流和额定转速？

3. 如何用万用表判别三相异步电动机的首、尾端？

4. 三相异步电动机绕组的接法有几种？

5. 三相异步电动机是怎样转动起来的？

6. 检查电气控制电路故障的方法有哪几种？

7. 什么叫自锁控制与互锁控制？它们在电路里各起到什么作用？不能自锁的原因有哪些？

8. 设计一台三相交流异步电动机的控制电路，要求点动时为星形联结，运行时为三角形联结。

9. 试画出 3 台交流电动机按顺序起动的电气线路图。

10. 简述丫—△起动方法的优缺点及适用场合。

11. 实训中曾发生何种故障？是如何处理的？

第 14 章　综合创新训练

【目的与要求】

1. 了解创新的概念和特性。
2. 熟悉创新与实践的关系。
3. 掌握创新的思维方式和创新的技法。
4. 熟悉创新能力的培养途径和训练方法。

14.1　创新的概念及特性

14.1.1　创新及其相关概念

1. 创新的概念

创新是人们把新设想、新成果运用到生产实际或社会实践而取得进步的过程，是获得更高社会效益和经济效益的综合过程，或者可以认为是对旧的一切所进行的革新、替代或覆盖。这种效益可能是物质的，也可能是精神的，但必须是对人类社会有益的。由以上定义不难看出，构成创新的基本要素是人、新成果、实施过程和更高效益。

创新从经济现象开始，随着科学技术的进步和经济的发展，人们对创新的认识也在不断扩展和深化，而且已扩展至科学、政治、文化和教育等各个方面。其中既有涉及技术性变化的创新，如知识创新、技术创新和工艺创新等，也有涉及非技术性变化的创新，如组织创新、管理创新和政策创新等，创新已经成为人类社会进步中的普遍现象。在此，主要介绍涉及机电工程技术方面的创新。

2. 创新与其他相关概念的关系

（1）创造　创造与创新的内涵没有太大的差别，两者都具有首创性特征。但创造与创新的首创性特征的含义并不完全相同。创造是指新构思、新观念的产生，创造的"首创性"是指"无中生有"，着重于一个具体的结果。创新的含义要广泛得多，创新的"首创性"不仅指"无中生有"，更多的是指"推陈出新"，它指的是事物内部新的进步因素通过矛盾斗争战胜旧的落后因素，最终发展成为新事物的过程，是一切事物向前发展的根本动力。

创新与创造的主要差别是：创新有很强的目的性，它更着重于市场需求，着重于与市场相关的技术，创新着重的是新事物的发展过程和最终结果；而创造着重的是研究活动本身或它的直接结果，譬如，怎样把创造应用于生产过程和商业经营活动中去，并由此带来更高的经济效益和社会效益。

（2）发现和发明　发现是指经过探索研究找出以前还没有认识的事物规律，如科学家发现地球本身自转一周为一天等。发明是指获得人为性的创造成果，如人类发明了第一艘宇宙飞船进入太空飞行等。

发明加上成功的开发才可以称为创新。付诸实践的创新也不一定必然是任何一种发明，创新是把发明创造应用于生产经营活动中去的一个过程，过程的起始应该是发明创造。有了发明创造出来的新理论、新产品、新工艺和新技术，创新也就有了起始点。小的发明有时可以引发大的创新，如集装箱的出现算不上大的发明，甚至谈不上技术上的发明创造，但它引发了世界运输革命，使航运业的效率增加了3倍，因此被认为是重大创新。

3. 创新能力

创新能力是指一个人（或群体）通过创新活动、创新行为而获得创新性成果的能力。它是人的能力中最重要、层次最高的一种综合能力。创新能力包含多方面的因素，如探索问题的敏锐力、联想能力、侧向思维能力和预见能力等。

对于在校就读的学生而言，创新能力是求职、就业、创业乃至其一生事业发展过程中的一种通用能力。

创新能力在创新活动中，主要是提出问题和解决问题这两种能力的结合。提出问题包括了发现问题和提出问题，首要的是发现问题的能力。发现问题的能力是指从外界众多的信息源中，发现自己所需要的、有价值的问题的能力。发现问题也是科学研究和发明创造的开端。相对于解决问题，提出问题在创新活动中占有更重要的地位。

14.1.2 创新的特性

1. 首创性

创新是解决前人没有解决的问题，因此创新必然具有首创性特征。创新要求人们要敢于积极进取、标新立异。一件创新产品应该具有时代感和新颖性。

创新并不一定是全新的东西，旧的东西以新的方式结合或以新的形式出现也是创新。一般认为某些模仿也是创新，模仿已成为创新传播的重要形式之一。模仿可分为创造性模仿和简单性模仿。现实中的模仿大多数属于第一类，即对原产品进行了进一步的改进，带有一定的创造性，因此被认为是创新。没有创造性的产品属低级重复性产品。在经济发展不均衡的地区，不排除这种产品会有一定的市场，但这种市场往往表现出很大的局限性和暂时性，这种产品的制造与销售，多数人认为不能称之为创新。

2. 综合性

创新不是凭空设想。一项创新活动需要广泛的知识和深厚的科技理论功底。在学习的时候，人们往往是一个学科、一门课程地分开学习，但如果把思想仅仅束缚在某一门课程的知识范围内就很难进行创新。创新需要把各相关学科的知识加以综合利用，融会贯通。

作为一个完整的产品创新活动，需要完成由产品发明到开发直至市场化的过程。在这个过程中，除了需要发明者的科技知识，还需要各有关方面具体创新执行者的密切配合，主要是生产工作者和经营管理者的密切配合，创新才能成功。

创新过程每一个阶段的工作往往不是仅凭一个人的能力就能完成的。不同的人在其中所起的作用不同，但一项创新产品的成功必然是众多参与者集体智慧的结晶。创新的综合性就表现在创新活动的产品是众多人的共同努力、多学科知识交叉融会及多种行业协调配合的成果。

3. 实践性

创新活动自始至终都是一项实践活动。创新初期，产品类型的确定建立在社会需要的基础之上。在创新过程中，产品的构思阶段和制造阶段中都显示出或隐含着大量实践性经验的因素。一项新产品产生后，能否被称为完整意义上的创新最终还要经过市场实践的检验。

14.1.3 创新的思维方式

创新思维是人们在已有知识和经验的基础上，通过主动、有意识地思考，产生独特、新颖的认识成果的一种心理活动过程。从创新的特性可推出，创新思维应该具有突破性、独立性和辩证性。

应该强调要创新，就应该突破原有的思维定式，打破迷信权威的思维障碍，敢于标新立异。创新思维有形象思维、联想思维、发散思维和辩证思维等。

14.2 工程综合创新训练

14.2.1 实践是创新实现的基本途径

人类所从事的任何创新，不管是物质创新还是精神创新，不管是具体物品创新还是知识理论创新，都是通过实践来实现的，是在实践的过程中形成、检验和发展的。脱离了实践活动，任何创新都难以实现与发展。

1. 创新与实践过程

创新首先要确定其选题和目标。选题和目标是根据社会的需要和实现的可能提出的，经过理论的论证才确定下来。但选题和目标确定得是否完全合理，能否像人们预想的那样克服实现过程中遇到的困难，只有通过实践检验后才能最终确定。如飞机发明出来以前，在自然界中是完全不存在的。人们为了实现像鸟一样在天空中飞翔的目标，曾进行过多种方案的构思与实践，如类似鸟翼的拍打飞行，类似蝙蝠翼的滑翔飞行等。在一次次的实践失败以后，人们不断改进构思，最终由莱特兄弟实现了人类在蓝天上飞翔的梦想。这个例子说明虽然用类似鸟翼拍打或滑翔飞行的方法载人飞上天空在实践检验中遭到了失败，但人类飞上蓝天的愿望最终在不断实践和创新中取得了成功。实践可以检验创新过程和创新的成果。在检验中就会发现问题和不足，从而有针对性地提出改进的措施和方法，修正创新目标或创新方案，修正创新过程，使创新得以实现和发展。任何事物的发展，都是在修正错误中前进的，创新也不例外。一些重大的创新目标，往往要经过实践的反复检验，才能最终确立和完善。

还有一种创新活动，它并没有引起客体对象的现实改变，而是把对象的本质和规律反映在人的头脑中，经过头脑的选择和构建，形成新的观念、新的思想和新的理论。

2. 实践锻炼提高人的创新能力

创新成果的大小，往往取决于人的创新能力。创新能力和创新品质是在实践中锻炼和发展起来的，不是天生的。人们只有在社会实践中丰富了创新知识，培养了创新思维，加强了创新意识，修炼了创新意志，增长了创新才干，才能成为创新之人。由于实践贯穿于创新的全过程，而且反馈和调节着整个创新活动，因此决不能低估实践在创新中的地位和作用。有人认为创新是头脑的自由创造物，是某种机遇、某种灵感，似乎只要某种灵机一动就可轻而易举地取得某种创新成果。这种观点显然是不科学的，必然导致对实践操作和实验的轻视。明确了这一点，我们就必须着重实践能力的培养和锻炼。

总之，创新是通过实践来实现的。任何创新思想，只有付诸行动，才能形成创新成果。因此重视实践是创新的基本要求。

14.2.2 创新能力的培养和训练

现代心理学的研究表明，人人都有创造力，都有创造的可能性，只是在程度上有所不同而已。人的创新思维能力不是天生的，天生的只是创新的潜能，这种潜能仅具有自然属性。创新能力是具有社会属性的显性能力，是在实践中、日常生活中、学习和工作中锻炼和培养起来的。

创新思维是可以通过训练培养的，创新能力也是可以通过锻炼提高的。美国通用电气公司长期坚持"创造工程"这门课程的培训，他们所得出的结论是"那些通过创造工程教学大纲训练的毕业生，发明创造的方法和获得专利的速度，平均要比未经训练的人高出3倍。"梅多和帕内斯等人在布法罗大学通过对330名大学生的观察和研究发现，受过创造性思维教育的学生在产生有效的创见方面，与没有受过这种教育的学生相比，平均提高94%。他们的另一测验还表明，学习了创造方面课程的学生，同没有学过这类课程的学生相比，前者在自信心、主动性以及指挥能力方面都有大幅度的提高。

创新能力是靠教育、培养和训练激励出来的。提升创新能力主要通过3条途径来实现。

第一是在日常生活中经常有意识地观察和思考一些问题，如"为什么""做什么""应该怎样做""是不是只能这样""还有没有更好的方法"等，培养强烈的问题意识。通过这种日常的自我训练，可以提高观察能力和大脑灵活性。

第二是参加培养创新能力的培训班，学习一些创新理论和技法，建立"创新思维能够改变你的一生""方法就是力量""方法就是世界"的观念，经常做一做创造学家、创新专家设计的训练题，有利于提高创新思维能力。

第三，也是最重要的一点，积极参加创新实践活动，如发明、制作、科学实验、科学研究及论文写作等，尝试用创造性方法解决实践中的问题，在实践中培养和训练创新能力。

锻炼创新能力，提高创新水平，除加强创新能力的培养和训练外，还要提高认识，从小培养动手的良好习惯。坚决克服那种重理论、轻实践，重书本、轻实际的主观偏向；坚决反对夸夸其谈、纸上谈兵的不良作风。要真正在头脑中树立实践第一的观点，要重实干、轻空谈；要允许创新者在创新实践中犯错误，尊重实干家的成绩，保护创新者的利益。

14.3 综合创新训练的技法

创新技法即创新的技巧和方法，是以创新思维规律为基础，通过对广泛创新活动的实践经验进行概括、总结和提炼而得出来的。下面介绍几种可操作性强、能够按照一定的方法、步骤实施的常用创新技法。

14.3.1 设问法

设问法是围绕创新对象或需要解决的问题发问，然后针对提出的具体问题予以研究解决的创新方法。其特点是强制性思考，有利于突破不善于思考提问的思维障碍；目标明确、主题集中，在清晰的思路下引导发散思维。

1. 5W2H法

这种方法是围绕创新对象从7个主要方面去设问的方法。这7个方面的疑问用英文字表示时，其首字母为W或H，故归纳为5W2H。

（1）Why（为什么） 为什么要选择该产品？为什么必须有这些功能？为什么采用这种结构？为什么要经过这么多环节？为什么要改进？……

（2）What（是什么） 该产品有何功能？有何创新？关键是什么？制约因素是什么？条件是什么？采用的方式是什么？……

（3）Who（谁） 该产品的主要用户是谁？组织决策者是谁？由谁来完成产品创新？谁被忽略了？……

（4）When（何时） 什么时候完成该创新产品？产品创新的各阶段怎样划分？什么时

间投产？……

（5）Where（何地）　该产品用于何处？多少零件自制，其余到何处外购？什么地方有资金？……

（6）How to（怎样做）　如何研制创新产品？怎样做效率最高？怎样使该产品更方便实用？……

（7）How much（多少）　产品的投产数量是多少？达到怎样的水平？需要多少人？成本是多少？利润是多少？……

此种方法抓住了事物的主要特征，可根据不同的问题确定不同的具体内容，适用于技术创新中的全新型创新选题。

2. 和田法

"和田法"是我国的创造学者，根据上海市和田路小学开展创造发明活动中所采用的技法总结提炼而成的，共 12 种，下面分别加以简要介绍。

（1）加一加　可以在这件东西上添加些什么吗？把它加大一些、加高一些、加厚一些，行不行？把这件东西和其他东西加在一起会有什么结果？

（2）减一减　能在这件东西上减去什么吗？把它减小一些、降低一些、减轻一些，行不行？可以省略取消什么吗？可以减少次数或时间吗？

（3）扩一扩　使这件东西放大、扩展会怎样？功能上能扩大吗？

（4）缩一缩　把这件东西压缩一下会怎样？能否折叠？

（5）变一变　改变一下事物的形状、尺寸、颜色、味道、时间或场合会怎样？改变一下顺序会怎样？

（6）改一改　这种东西还存在什么缺点或不足，可以加以改进吗？它在使用时是不是会给人带来不便和麻烦，有解决这些问题的办法吗？

（7）联一联　把某一事物与另一事物联系起来，能产生什么新事物？每件事物的结果，跟它的起因有什么联系？能从中找出解决问题的办法吗？

（8）学一学　有什么事物可以让自己模仿、学习一下吗？模仿它的形状或结构会有什么结果？学习它的原理技术又会有什么创新？

（9）代一代　这件东西有什么东西能够代替？如果用别的材料、零件或方法等行不行？替代后会发生哪些变化？有什么好的效果？

（10）搬一搬　把这件东西搬到别的地方，还能有别的用途吗？这个事物、设想、道理或技术搬到别的地方，会产生什么新的事物或技术？

（11）反一反　如果把一个东西、一件事物的正反、上下、左右、前后、横竖或里外颠倒一下，会产生什么结果？

（12）定一定　为了解决某一问题或改进某一产品，为了提高学习、工作效率，防止可能发生的不良后果，需要新规定些什么？制定一些什么标准、规章和制度？

"和田法"深入浅出、通俗易懂且便于掌握，被人们称为"一点通"。此法适合各个领域的创新活动，尤其适合青少年开展的创新活动。

14.3.2　创新的其他技法

创新的其他方法还有类比法、组合创新法、逆向转换法和列举法等。

知识拓展

中国创造：笔头创新之路

复习思考题

1. 简述创新的概念和特性。
2. 创新训练的技法有哪些？

参 考 文 献

[1] 李海越, 郭睿智, 杜林娟. 机械工程训练 [M]. 北京: 机械工业出版社, 2019.

[2] 罗凤利, 李素燕, 徐衍锋. 工程训练: 工科非机械类 [M]. 北京: 机械工业出版社, 2017.

[3] 徐靖, 徐衍锋, 梁志强. 工程训练: 非工科类 [M]. 北京: 机械工业出版社, 2023.

[4] 刘江臣, 王洪博. 工程训练 [M]. 北京: 机械工业出版社, 2023.

[5] 魏德强, 吕汝金, 刘建伟. 机械工程训练 [M]. 北京: 清华大学出版社, 2016.

[6] 周世权, 陈赜. 工程训练: 电工电子技术分册 [M]. 武汉: 华中科技大学出版社, 2020.

[7] 史晓亮, 舒敬萍, 彭兆. 机械制造工程实训及创新教程 [M]. 北京: 清华大学出版社, 2020.

[8] 韩运华. 工程创新训练与实践 [M]. 北京: 化学工业出版社, 2023.

[9] 郑志军, 胡青春. 机械制造工程训练教程 [M]. 广州: 华南理工大学出版社, 2015.

[10] 曾海泉, 刘建春. 工程训练与创新实践 [M]. 北京: 清华大学出版社, 2015.

[11] 杨钢. 工程训练与创新 [M]. 北京: 科学出版社, 2015.

[12] 吴志超. 工程训练: 实践篇 [M]. 武汉: 华中科技大学出版社, 2023.

[13] 李兵, 吴国兴, 曾亮华. 金工实习 [M]. 武汉: 华中科技大学出版社, 2015.

[14] 黄明宇. 金工实习: 冷加工 [M]. 4版. 北京: 机械工业出版社, 2019.

[15] 张学军. 工程训练与创新 [M]. 北京: 人民邮电出版社, 2020.

[16] 钟翔山. 图解钳工入门与提高 [M]. 北京: 化学工业出版社, 2015.

[17] 许允. 钳工操作实用技能全图解 [M]. 郑州: 河南科学技术出版社, 2014.

[18] 朱绍胜, 朱静. 车工实训教程 [M]. 北京: 化学工业出版社, 2016.

[19] 陈星. 车工实训教程 [M]. 上海: 上海交通大学出版社, 2015.

[20] 吴云飞, 许春年. 数控车工 (FANUC系统) 编程与操作实训 [M]. 北京: 中国劳动社会保障出版社, 2014.

[21] 刘建伟, 吕汝金, 魏德强. 特种加工训练 [M]. 北京: 清华大学出版社, 2013.

[22] 白基成, 刘晋春, 郭永丰, 等. 特种加工 [M]. 7版. 北京: 机械工业出版社, 2021.

[23] 郎一民. 数控铣削 (加工中心) 加工技术与综合实训: 华中、SIEM ENS系统 [M]. 北京: 机械工业出版社, 2015.

[24] 姜波, 王存. 焊接工艺与技能训练: 任务驱动模式 [M]. 北京: 机械工业出版社, 2015.

[25] 郭玉利, 曹慧. 焊接技能实训 [M]. 北京: 北京理工大学出版社, 2013.

[26] 周志明, 王春欢, 黄伟九. 特种铸造 [M]. 北京: 化学工业出版社, 2014.

[27] 李晨希. 铸造工艺及工装设计 [M]. 北京: 化学工业出版社, 2014.

[28] 马德成. 机械零件测量技术及实例 [M]. 北京: 化学工业出版社, 2013.

[29] 朱华炳, 田杰. 制造技术工程训练 [M]. 2版. 北京: 机械工业出版社, 2020.

[30] 陈继兵. 机械工程训练 [M]. 武汉: 华中科技大学出版社, 2019.

[31] 杨钢. 机械工程训练与实践 [M]. 北京: 人民交通出版社, 2018.